AF609298

Die in den Sitzungsberichten Abtlg. I und Abtlg. II a der math.-nat. Klasse der Österr. Ak. d. Wiss. erscheinenden Abhandlungen werden auch einzeln abgegeben. Sie können durch jede Buchhandlung oder direkt durch die Auslieferungsstelle der Österreichischen Akademie der Wissenschaften (Wien I, Singerstraße 12) bezogen werden.

Nachfolgende Abhandlungen aus dem Fache **Botanik** (Biologie) sind erschienen:

**1952 (S I Bd. 161):**

Cholnoky B. J. v.: Beobachtungen über die Plasmolyse I. Die protoplasmatische Wirkung von NaCl-, NaOH- und HCl-Gemischen auf Delphinium-Blumenblattzellen (mit 7 Tafeln), 18 Seiten. S 12.90

Höfler K., w. M., und Loub W.: Algenökologische Exkursion ins Hochmoor auf der Gerlosplatte (mit 2 Textabbildungen), 21 Seiten. S 10.70

Kopetzky-Rechtperg O.: Artenliste von Desmidiales aus den österreichischen Alpen (mit 1 Textabbildung), 22 Seiten. S 9.40

Krebs Ingeborg: Beiträge zur Kenntnis des Desmidiaceen-Protoplasten: III. Permeabilität für Nichtleiter (mit 6 Textabbildungen), 37 Seiten. S 23.80

Küster E.: Beobachtungen über die Wirkungen des Ultraschalls auf lebende Pflanzenzellen, 13 Seiten. S 5.—

Luhan Maria: Zur Wurzelanatomie unserer Alpenpflanzen: II. Saxifragaceae und Rosaceae (mit 15 Textabbildungen), 38 Seiten. S 16.70

Stadelmann E.: Zur Messung der Stoffpermeabilität pflanzlicher Protoplasten, II. (mit 5 Textabbildungen), 35 Seiten. S 25.70

Toth-Ziegler Annemarie: Rot fluoreszierende Inhaltskörper bei Leguminosen (mit 22 Textabbildungen), 44 Seiten. S 22.40

Wawrik Friederike: Grundwasserstudie (mit 7 Textabbildungen), 20 Seiten. S 12.50

Wiesner Gertraud: Die Bedeutung der Lichtintensität für die Bildung von Moosgesellschaften im Gebiet von Lunz, 24 Seiten. S 10.80

**1953 (S I Bd. 162):**

Cholnoky B. J. v.: Beobachtungen über die Plasmolyse II. Zur Protoplasmatik der Staubblatthaarzellen von Tradescantia (mit 31 Textabbildungen). S 11.40

Cholnoky B. J. v., und Schindler H.: Die Diatomeengesellschaften der Ramsauer Torfmoore (mit 41 Textabbildungen). S 15.60

Hirn Ilse: Vitalfärbung von Diatomeen mit basischen Farbstoffen (mit 8 Textabbildungen) S 16.20

Huber Elfriede: Beitrag zur anatomischen Untersuchung der Antheren von Saintpaulia (mit 6 Textabbildungen). S 4.90

Lenk Ingeborg: Über die Plasmapermeabilität einer Spirogyra in verschiedenen Entwicklungsstadien und zu verschiedener Jahreszeit (mit 1 Textabbildung und 1 Tafel). S 20.—

Loub W.: Zur Algenflora der Lungauer Moore (mit 3 Textabbildungen). S 22.90

Wimmer Ch., und Höfler K.: Über die Eigenfluoreszenz lebender, absterbender und toter Florideenzellen (mit 3 Textabbildungen). S 9.60

Diskus A.: Vom Osmoseverhalten halophiler Euglenen vom Neusiedler See (mit 3 Tafeln). S 8.50

**1954 (S I Bd. 163):**

Kiermayer O.: Die Vakuolen der Desmidiaceen, ihr Verhalten bei Vitalfärbe- und Zentrifugierungsversuchen (mit 23 Textabbildungen), 48 Seiten. S 32.30

Loub W., Url W., Kiermayer O., Diskus A., und Hilmbauer K.: Die Algenzonierung in Mooren des österreichischen Alpengebietes (mit 1 Textabbildung und 3 Tafeln), 48 Seiten. S 26.70

Luhan Maria: Zur Wurzelanatomie unserer Alpenpflanzen III. Gentianaceae (mit 4 Textabbildungen und 1 Tafel), 19 Seiten. S 14.90

Poelt J.: Moosgesellschaften im Alpenvorland I (mit 3 Textabbildungen), 34 Seiten. S 15.10

Poelt J.: Moosgesellschaften im Alpenvorland II (mit 1 Textabbildung), 45 Seiten. S 26.50

Scheidl W.: Auslösung von Vakuolenkontraktion durch undissoziierte Basen (mit 12 Textabbildungen und 15 Diagrammen), 44 Seiten. S 28.—

Schiller J.: Über Cyanophyceen aus kleinen künstlichen Wasserbecken und aus dem Ruster Kanal des Neusiedler Sees (mit 17 Textabbildungen [49 Einzelbilder]), 31 Seiten. S 23.40

ISBN 978-3-662-22913-2 ISBN 978-3-662-24855-3 (eBook)
DOI 10.1007/978-3-662-24855-3

# Über die Reduktion basischer Vitalfarbstoffe in pflanzlichen Vakuolen[1]

Von Oswald Kiermayer

(Aus dem Pflanzenphysiologischen Institut der Universität Wien)

Mit 1 Farb- und 4 Schwarztafeln

(Vorgelegt in der Sitzung am 9. Dezember 1954)

## I. Einleitung.

Die Vitalfärbung stellt heute neben Plasmolyse, Mikrochirurgie und Zentrifugierung wohl die wichtigste Methode der modernen Zellphysiologie dar. Mit ihrer Hilfe wurde es möglich, neue Erkenntnisse über die Stoffaufnahme und -speicherung lebender Zellen zu gewinnen.

Neben der Verwendungsmöglichkeit von Vitalfarbstoffen für Permeabilitätsstudien kommt ihnen aber noch auf anderen Gebieten, so vor allem in ihrer Verwendung als Redoxindikatoren, große Bedeutung zu. Die ersten grundlegenden Arbeiten in dieser Richtung stammen von Clark (1920, 1923) und seinen Mitarbeitern. Sie konnten in einer Serie von exakten chemischen Untersuchungen zeigen, daß die meisten unserer gebräuchlichen Vitalfarbstoffe durch geeignete chemische Reduktionsmittel in eine farblose, reduzierte Form (Leukobase) übergehen, die sich bei Zusatz eines Oxydationsmittels wieder in die ursprüngliche, gefärbte Form rückverwandelt. Clark hat nun von vielen solchen Farbstoffen das Redoxpotential bestimmt und sie in einer Tabelle geordnet, mit deren Hilfe es möglich ist, auf kolorimetrischem Wege die Redoxpotentiale verschiedener, auch lebender chemischer Systeme zu bestimmen.

Seit Gillespie (1920) gezeigt hat, daß lebende Bakterienkulturen eine stark reduzierende Kraft besitzen, ging man sowohl botanischer- wie auch zoologischerseits daran, mit Hilfe der Clarkschen Tabellen kolorimetrisch das Redoxpotential des

[1] Die Untersuchung wurde mit Hilfe einer Subvention der Österreichischen Akademie der Wissenschaften durchgeführt, für die der Verfasser seinen ergebensten Dank zum Ausdruck bringen möchte.

lebenden Protoplasmas zu messen. So injizierten Needham J. und Needham D. (1925, 1926) verschiedene Redoxindikatoren in lebende *Amoeba proteus*-Zellen und fanden, daß die Zellen die Farbstoffe bis zu einem bestimmten rH-Wert reduzieren, bei niedrigerem als der eigene aber oxydieren. Sie schließen daraus, daß die Zellen ein ganz bestimmtes, eigenes Redoxpotential (hier rH 17—19) aufrechterhalten. Rapkine und Wurmser (1926) untersuchten andere Zellen und kamen ebenfalls zu der Ansicht, daß jede Zelltype für sich ein charakteristisches „inneres" Redoxpotential besitzt. Im Gegensatz dazu fanden Cannan, Cohen und Clark (1926) bei Bakterienkulturen ein beträchtliches Ansteigen der Reduktionsintensität bei Sauerstoffmangel. Auch Cohen, Chambers und Reznikoff (1928) berichten über Injektionsversuche an *Amoeba dubia* und stellten fest, daß die Reduktion der injizierten Redoxindikatoren bei Sauerstoffmangel beträchtlich schneller vor sich ging als bei $O_2$-Gegenwart. Sie berechneten den rH-Wert der Amoeben-Zelle bei $O_2$-Mangel mit 7,6, bei $O_2$-Gegenwart mit 13—18. Interessant ist ferner ihre Feststellung, daß die reduzierte Form der Farbstoffe bedeutend weniger giftig war als die oxydierte.

Botanischerseits sind vor allem die grundlegenden Arbeiten von Brooks (1941) und Rapkine und Wurmser (1926) an chlorophyllführenden Pflanzenzellen zu nennen. M. M. Brooks behandelte die marine Alge *Valonia* mit verschiedenen Farbstofflösungen. Sie konnte dabei u. a. feststellen, daß viele Farbstoffe von der lebenden Zelle reduziert wurden, und konnte ihre Leukoform im Zellsaft gespeichert vorfinden. Rapkine und Wurmser (1926) injizierten verschiedene Redox- und $p_H$-Indikatoren in Spirogyrazellen und versuchten auf diese Art deren rH-Wert zu ermitteln. Sie konnten dabei zeigen, daß der bei der $CO_2$-Assimilation entstehende Sauerstoff auf die Reduktion der Farbstoffe keinen Einfluß ausübt. Rapkine, Struyk und Wurmser (1929) bestimmten ferner ergänzend die genauen Redoxpotentiale von Kresylblau, Toluidinblau, Methylenblau, Janusgrün, Neutralrot und Neutralviolett.

Neben den genannten Arbeiten sind aus der älteren Redoxliteratur vor allem noch die Untersuchungen von Wankell (1921), über die Reduktion basischer Farbstoffe im lebenden Protoplasma, von Becker (1926) und von Nassanov (1930) zu nennen. Eine ausführliche Literaturzusammenstellung findet sich bei Brooks (1941).

In jüngster Zeit ist nun das Redoxproblem, zumal durch die Arbeiten von Fritz (1951), Drawert (1953) und Betz (1953), wieder in den Vordergrund des zellphysiologischen Interesses gerückt. Fritz konnte nämlich an verschiedenen pflanzlichen Objekten zeigen, daß sich die mit Prune pure gefärbten Schnitte bei Sauerstoffmangel von Blau nach Blaßgelb verfärben und dabei das Plasma stark zu fluoreszieren beginnt. Bei $O_2$-Zufuhr wird die Plasmafluoreszenz stark gemindert, und die ursprüngliche Blaufärbung tritt wieder ein. Auch Betz berichtete über die Reduktion des Purne pure in lebenden Zellen. Drawert konnte zeigen, daß Janusgrün B und Berberinsulfat bei Sauerstoffgegenwart die Chondriosomen deutlich anfärbt bzw. zur Fluoreszenz bringt, daß dagegen bei Deckglasabschluß diese Färbung erlischt und dafür nun die Mikrosomen stark zu fluoreszieren beginnen. Drawert schließt aus den Versuchen, daß der Deckglasabschluß durch die Lebenstätigkeit der Zellen eine Veränderung der benutzten Farbstoffe (Reduktion) und damit eine Änderung ihrer Verteilung innerhalb der Zelle bedingt.

Im Gegensatz zu den bisher erwähnten Arbeiten, die sich zum Großteil nur mit der Reduktion von Vitalfarbstoffen im lebenden Protoplasma auseinandersetzten, soll in nachfolgender Abhandlung speziell über die Veränderungen der in pflanzlichen Vakuolen gespeicherten Farbstoffe nach Vitalfärbung berichtet werden. Auf Grund der Tatsache, daß es leider noch nicht möglich ist, eine genaue intrazelluläre $p_H$-Messung des Zellsaftes durchzuführen[2], muß allerdings im folgenden bei der Beschreibung von Redoxvorgängen auf eine genaue Angabe von rH-Werten verzichtet werden.

## II. Material und Methodik.

Das für die nachfolgenden Versuche verwendete Desmidiaceen-Material stammte aus verschiedenen Hochmooren der österreichischen Alpen. Vor allem waren es Algenproben aus Hochmooren bei Tamsweg im Lungau[3], aus der Ramsau am Südfuße des Dachsteins[4] und aus Karlstift im Waldviertel[5].

[2] Über eine neue Möglichkeit zur intrazellulären Messung des $p_H$-Wertes von Zellsäften auf Grund der verschieden hohen Umschlagspunkte der Vitalfarbstoffe vergl. die Arbeiten von Kinzel (1954) und Diskus und Kiermayer (1953).

[3] legit W. Loub, A. Diskus, W. Url, K. Hilmbauer und O. Kiermayer. Vergl. die Kartenskizzen bei Loub (1953) und Loub, Url, Kiermayer, Diskus u. Hilmbauer (1954).

[4] legit Prof. K. Höfler, Doz. H. Schindler und Dr. I. Krebs. Vergl. Höfler und Schindler (1951, 1953), Cholnoky und Schindler (1951), Krebs (1951), Kiermayer (1954).

[5] legit Frl. cand. phil. T. Tollerian.

Da ich mich bei den folgenden Versuchen im wesentlichen der gleichen Färbemethode bediente, wie sie bereits bei Cholnoky und Höfler (1950) und Kiermayer (1954) ausführlich dargelegt wurde, soll hier nur mehr kurz darauf eingegangen werden:

Aus den Algenfläschchen, die in den großen Nordfenstern oder im Fließwasserbecken des Pflanzenphysiologischen Institutes in Wien aufgestellt und in denen die verschiedensten Algenarten weiterkultiviert wurden, wurde mittels einer Pipette ein Tropfen einer möglichst detritusfreien Algenprobe auf den Objektträger gebracht und das für Vitalfärbeversuche schädliche Moorwasser gründlich mittels eines Filtrierpapierstreifens abgesaugt. Die Probe wurde darauf mit einem großen Tropfen der jeweiligen Farblösung versetzt, einige Zeit stehengelassen, mit einem Deckglas bedeckt und die mikroskopische Beobachtung begonnen.

Da es vor allem galt, eine Zellsaftfärbung zu erzielen, kamen bei den Färbeversuchen nur basische, leicht permeierfähige Vitalfarbstoffe, vor allem Neutralrot, Toluidinblau, Methylenblau, Brillantkresylblau und Toluylenblau, zur Verwendung. Außer Neutralrot, welches dank seinem niederen Umschlagspunkte schon in Wiener Leitungswasser gelöst geboten werden konnte, mußten alle übrigen Farbstoffe gepuffert (Phosphatpuffer hergestellt nach den neuen Angaben von Kinzel 1954) zur Verwendung kommen. Die Farbstoffkonzentrationen betrugen meist 1 : 3000 bis 1 : 10.000. Die Versuchsergebnisse wurden stets mit genauer Zeitangabe protokolliert, die Zeichnungen auf Grund mikrometrischer Abmessungen, zum Teil auch nach Farbmikrophotos, hergestellt.

Es sei gestattet, dem Vorstand des Pflanzenphysiologischen Institutes der Universität Wien, meinem hochverehrten Lehrer Herrn Univ.-Prof. Dr. Karl Höfler, für die Förderung und Unterstützung dieser Arbeit meinen ergebensten Dank zu sagen.

## III. Die Versuche.

Beginnend mit Neutralrot, sollen im folgenden die Vitalfärbeversuche mit diesem sowie mit Methylenblau, Toluidinblau, Brillantkresylblau und Toluylenblau in ihrer Funktion als Redoxindikatoren dargelegt werden.

### A. Neutralrot.

Färbt man eine Mischprobe von Desmidaceen mit Neutralrot 1 : 5000 bis 1 : 10.000, gelöst in Wiener Leitungswasser ($p_H$ um 7,8), so tritt nach anfänglich Rosafärbung der Membranen eine deutliche, mit zunehmender Färbedauer immer stärker werdende Anfärbung der Vakuolen ein. Hand in Hand mit der Farbspeicherung geht meistens auch eine, für die Desmidiaceen charakteristische Vakuolenkontraktion. Diese Verhältnisse sind bereits ausführlich bei Cholnoky und Höfler (1950) und Kiermayer (1954) beschrieben worden, so daß auf eine genauere Schilderung derselben verzichtet werden kann. Auffallend waren indes die Färbebilder bei sich gerade teilenden oder eben geteilten, noch zusammenhängenden Zellen. Hier waren anfänglich nur die Membranen der alten Zellhälften stark rot gefärbt, während die jungen Zellhälften ganz schwach rosa, meistens aber vollkommen farblos blieben. Nach einiger Zeit verschwand die rote Membranfärbung vollkommen, dafür war jetzt das Vakuom der alten Zellhälfte stark rot gefärbt, während das Vakuom der jungen Zellhälfte nur ganz schwach, vielfach aber auch farblos blieb. Dieser Unterschied in der Anfärbung von alten und jungen Halbzellen konnte bei verschiedenen Arten von Desmidiaceen, besonders deutlich aber bei *Cosmarium tetraophtalmum* festgestellt werden (Tafel 1, Fig. 1).

Da es vor allem galt, das Verhalten des in den Vakuolen gespeicherten Vitalfarbstoffes bei Sauerstoffmangel zu untersuchen, wurden Präparate, welche Algenzellen mit gefärbten Vakuolen enthielten, mittels Vaseline luftdicht abgeschlossen und kühl, bei normalem Lichtzutritt, aufgestellt.

Es zeigte sich, daß die schwach gefärbten Algenzellen in abgeschlossenen Präparaten oft viele Tage, in günstigen Fällen sogar mehr als 3 Wochen, lebensfähig blieben und selbst nach dieser Zeit noch normale Plasmaströmung hatten. Stärker gefärbte Zellen starben jedoch meist innerhalb von 3 bis 5 Tagen ab. An solchen Zellen sind schon lange vor ihrem Absterben charakteristische Veränderungen des Farbtones und der Farbintensität der Vakuolen festzustellen: Bei *Cosmarium tetraophtalmum* oder *Micrasterias truncata* färben sich die seitlichen, oberhalb des Chloroplasten gelegenen Vakuolen (vgl. Kiermayer 1954) von Rot auf Braunrot um, während die mittleren großen Vakuolen noch den ursprünglichen, also rein roten Farbton zeigen. Gleichzeitig mit der Umfärbung der Vakuolen auf Braunrot geht auch eine verhältnismäßig rasche Entfärbung der Vakuolen einher, die schließlich bis zum vollkommenen Farbverlust führt. Die roten Vakuolen behalten ihre Färbung noch längere Zeit bei, so daß auf diese Weise innerhalb einer Zelle gefärbte und ungefärbte Vakuolen liegen.

In einigen Fällen ließ sich beobachten, daß gleichzeitig mit der Entfärbung einer oder mehrerer Vakuolen eine beträchtliche Zunahme der Farbintensität der Nachbarvakuolen erfolgt. In diesen Stadien sind die Zellen noch normal plasmolysierbar.

Der Umschlag von Rot auf Braunrot ist nicht immer deutlich festzustellen, sondern es entfärben sich häufig auch Vakuolen mit normal rotem Farbton (Tafel 4, Fig. 7). In solchen Fällen tritt die Entfärbung jedoch bedeutend langsamer ein, und es dauert oft mehrere Stunden, bis die Vakuolen vollkommen farblos geworden sind. Mit zunehmender Entfärbung der Vakuolen geht stets auch eine immer stärker werdende allgemeine Nekrose vor sich, die schließlich zum Tod der Zelle führt. Es ist deshalb anzunehmen, daß sowohl die Umfärbung von Rot nach Braunrot wie auch die Entfärbung der Vakuolen auf nekrotische Veränderungen innerhalb der Zelle zurückzuführen sind. Im letzten Kapitel der Arbeit wird auf diese Verhältnisse noch eingehend zurückzukommen sein. Dort werden auch die interessanten Färbebilder bei zentrifugierten und nachträglich vitalgefärbten *Pleurotaenium truncatum*-Zellen ausführlich diskutiert werden.

Wie oben berichtet wurde, können schwach gefärbte Algen bei vollkommenem Luftabschluß auch bis zu 3 Wochen normal lebensfähig erhalten werden. An solchen Zellen erfährt jedoch der innerhalb der Vakuolen gespeicherte Farbstoff eine charakteristische Veränderung: Die Vakuolen sind durchwegs dottergelb gefärbt und nur die großen Entmischungskugeln innerhalb der Vakuolen haben ihre ursprünglich rote Färbung beibehalten. Die Zellen mit dottergelber Vakuolenfärbung sind normal plasmolysierbar und zeigen starke Plasmaströmung. In solchen Präparaten ist meist auch der Detritus sowie der Zellinhalt toter Zellen stark gelb gefärbt. Sehr deutlich konnte ich diese beschriebenen gelben Vakuolen bei *Closterium lunula* beobachten. Hier waren die Vakuolen zwischen den Chloroplastenleisten schwach gelb gefärbt und jede Vakuole enthielt eine große rote Kugel. Die Endvakuolen waren stärker gelb mit ebenfalls einer großen dunkelroten Kugel. Das wandständige Plasma zeigte starke Strömung, und auch die Chloroplasten waren in keiner Weise nekrotisch verändert. Es war erstaunlich, daß selbst *Closterium lunula,* ein sonst äußerst empfindliches Objekt (Loub 1951), trotz 3wöchigem Luftabschluß normal lebensfähig blieb.

Wie die obigen Versuche zeigten, wird also das in den Vakuolen von Desmidiaceen gespeicherte Neutralrot bei starkem Sauerstoffmangel in eine dottergelbe Form verwandelt. Nachdem Neutralrot außer als Vitalfarbstoff auch als Redoxindikator mit niedrigem rH-Wert Verwendung findet, ist die Umwandlung von Rot nach Gelb bei extremem $O_2$-Mangel wohl sicher auf eine intrazelluläre Reduktion des Neutralrot zu einer gelben Stufe zurückzuführen.

Es ist auffällig, daß selbst der oft mächtig entwickelte und sicher stark assimilierende Chloroplast trotz seiner $O_2$-Abgabe nicht fähig ist, dem Reduktionsprozeß entgegenzuwirken (Rapkine und Wurmser 1926 a). Auch den von Strugger (1949 b) bei Sauerstoffmangel in neutralrotgefärbten Allium-Schnitten beobachteten Asphyxie-Effekt sah ich bei Desmidiaceen unter gleichen Versuchsbedingungen nie auftreten.

Nachdem, wie gezeigt wurde, auch reduziertes Neutralrot in den Vakuolen gespeichert wird, schien es von besonderem Interesse, Vitalfärbeversuche mit solchem durchzuführen.

## B. Vitalfärbeversuche mit reduziertem Neutralrot (Fluoreszent X).

Eine ganze Reihe von Autoren, sowohl von chemischer wie auch biologischer Seite, befaßte sich eingehend mit dem Problem der Reduktion von Vitalfarbstoffen. Die grundlegenden Untersuchungen über das Redoxverhalten von Neutralrot stammen von Clark und Perkins (1932). Die genannten Autoren konnten auf Grund exakt durchgeführter chemischer Versuche zeigen, daß Neutralrot durch entsprechende Reduktionsmittel zu seiner farblosen Leukobase reduziert werden kann, daß sich jedoch innerhalb eines bestimmten $p_H$-Bereiches ($p_H$ 4—6) an Stelle der farblosen Leukobase eine gelbe, stark fluoreszierende Modifikation derselben bildet. Clark und Perkins bezeichneten diese gelbe, fluoreszierende Form als Fluoreszent X, das streng vom gelben Oxydant in alkalischer Lösung zu unterscheiden ist. Nach den beiden Autoren gelingt es, Fluoreszent X auch kristallin zu erhalten. Die orthorhombischen, anisotropen Kristalle bleiben dann mehrere Jahre hindurch beständig. In saurer Lösung wird Fluoreszent X bei Gegenwart von Sauerstoff rasch zu Neutralrot oxydiert, bleibt dagegen in alkalischer Lösung auch bei $O_2$-Gegenwart in reduzierter Form erhalten.

Als eines der gebräuchlichsten Reduktionsmittel für Vitalfarbstoffe wird in der Literatur Rongalit angegeben, und ich habe mich im folgenden auch dieses Mittels bedient, um Neutralrot von der oxydierten in die reduzierte Form überzuführen. Dieser Vorgang gelingt am leichtesten so, daß man 10 $cm^3$ einer Neutralrotlösung 1 : 10.000 mit 0,2 $cm^3$ einer 10%igen Rongalitlösung versetzt und etwas erwärmt. Dabei schlägt das rote Neutralrot in eine gelbe, schon bei Tageslicht stark grünlich fluoreszierende Lösung (Fluoreszent X) um. Versetzt man 1 $cm^3$ einer so gewonnenen Farbe mit 4 $cm^3$ aqua dest. und 1 $cm^3$ einer Pufferlösung von bestimmten $p_H$-Wert und versucht, diese Farblösung nun mit Benzol auszuschütteln, so ergibt sich, daß der Farbstoff weder im sauren, neutralen noch basischen Bereich merklich in das Benzol hinaufgeht. Genauere chemische Untersuchungen über die Löslichkeitsverhältnisse des reduzierten Neutralrot stehen zur Zeit noch aus.

Versetzt man eine Algenprobe mit einem solchen, auf einen bestimmten $p_H$-Wert gepufferten Farbstoff, so tritt in den ersten Minuten weder im sauren noch basischen Bereich irgendeine Anfärbung ein. Nach 10 bis 20 Minuten jedoch beginnen sich bei niedrigem $p_H$ die Zellwände der Algen gelb, bei höherem $p_H$ (über $p_H$ 7,5) die Vakuolen sehr deutlich dottergelb zu färben. Dabei zeigen sich nicht die geringsten Spuren einer Schädigung der Zellen durch den Rongalitzusatz. Nach etwa halbstündiger Färbedauer sind bei stark alkalischer Reaktion des Farbbades die Vakuolen intensiv und leuchtend dottergelb gefärbt.

Betrachtet man solcherart gefärbte Zellen im UV-Mikroskop, so zeigen die im Hellfeld gelben Vakuolen eine gleißend weißgelbe Fluoreszenz. Diese konnte bei allen den Desmidiaceen-Arten beobachtet werden, die einen „leeren", d. h. speicherstofffreien Zellsaft besitzen. Bei *Cylindrocystis Brebissonii* und *Netrium digitus*, die nach Höfler-Schindler (1951) und Hirn (1953) einen „vollen" Zellsaft haben, tritt mit Fluoreszent X ($p_H$ über 10) eine intensive, gegenüber den Algen mit leeren Zellsäften bedeutend stärkere, im Hellfeld braungelbe Vakuolenfärbung ein. Im UV-Licht zeigen jedoch diese Zellsäfte trotz der enormen Speicherung nicht die geringste Fluoreszenz. Es ist deshalb anzunehmen, daß bei den „vollen" Zellsäften von *Cylindrocystis* und *Netrium*, das reduzierte Neutralrot mit Speicherstoffen des Zellsaftes eine chemische Verbindung eingeht, die der Fluoreszenz vollkommen entbehrt.

Da bei den Desmidiaceen der mächtige Chloroplast durch seine starke Primärfluoreszenz die Verhältnisse bei mit Fluoreszent X gefärbten Zellen sehr undeutlich macht, wurden auch zentrifugierte Zellen, bei denen sich der Chloroplast stark zentrifugal verlagert hatte, einer Vitalfärbung mit diesem Farbstoff unterworfen. Hier zeigte sich im chloroplastenfreien Raum der nur vom Zellsaft erfüllt ist, die gelbe Fluoreszenz der Vakuolen ganz besonders deutlich.

Schließt man ein Präparat mit Zellen, die die Vakuolen durch die Färbung mit reduziertem Neutralrot stark gelb gefärbt hatten, mittels Vaseline luftdicht ab und sorgt für normalen Lichtzutritt, so behalten die Vakuolen die gelbe Färbung noch einige Zeit bei, meistens tritt aber schon nach etwa 2 Stunden eine typische Veränderung in der Färbung der Vakuolen ein: Die gelben Vakuolen werden immer dünkler gelb, orange, rotorange und schließlich rein rot (Farbton wie bei normaler Neutralrot-Färbung). Mit zunehmender Verfärbung von Gelb nach Rot schwindet auch die weißgelbe Fluoreszenz immer mehr, bis die Vakuolen schließlich fluoreszenzlos sind. Die Umfärbung ist zweifellos auf einen Reoxydationsprozeß innerhalb der Vakuolen zurückzuführen.

Nach den Beobachtungen an mit Fluoreszent X gefärbten Algenzellen, schienen auch orientierende Färbeversuche an Zwiebelschuppen-Epidermen von Interesse:

Färbt man die Zellen der *Allium*-Innenepidermis mit Fl.-X-Lösungen von steigendem $p_H$, so tritt oberhalb $p_H$ 7,5 eine sehr schwache, gelbliche Hellfeldfärbung der Vakuolen ein. Im UV-Licht leuchten solcherart gefärbte Zellsäfte schon überaus gleißend grün. Im starken Gegensatz dazu fluoreszieren die Vakuolen der Außenepidermis, die bekanntlich „volle" Zellsäfte besitzen, in einem warmen gelbbraunen Farbton. Im Hellfeld erscheinen die Vakuolen der Außenepidermis meist schwach rötlich bis braunrot gefärbt. Bei *Allium* ergibt sich also bei Fluorochromierung mit Fl. X ein eindeutiger Unterschied in der Fluoreszenz der „vollen" und der „leeren" Zellsäfte. Die speicherstofführenden Zellsäfte fluoreszieren gelbbraun, die speicherstoffleeren dagegen leuchtend grün. Es ist in diesem Zusammenhang also sehr interessant, daß die vollen Zellsäfte der *Allium*-Oberepidermis gelbbraun fluoreszieren, der ebenfalls volle Zellsaft von *Cylindrocystis* und *Netrium* im UV-Licht dagegen nicht im geringsten leuchtet. Es ist auf diese Weise vielleicht ein erster Ansatz zur weiteren Unterteilung der heute allgemein als „voll" bezeichneten Zellsäfte gegeben.

Wie die obigen Versuche zeigten, stellt somit das gelbe, reduzierte Neutralrot (Fluoreszent X) ein für zellphysiologische Untersuchungen äußerst geeignetes Färbemittel dar. Dies vor allem durch seine gute vitale Tinktionsfähigkeit, seine Unschädlichkeit und seine Verwendung zur vitalen Fluorochromierung. Darüber hinaus ist dieser Farbstoff, vermöge seiner leichten Reoxydierbarkeit im sauren Milieu, ein idealer Indikator für intrazelluläre Oxydationsprozesse.

Nachdem, wie eben gezeigt, das in den Vakuolen von Desmidiaceen vital gespeicherte Neutralrot intrazellulär zu der gelben Reduktionsstufe reduziert wird, schien es von Interesse, auch andere Vitalfarbstoffe, die gleichzeitig auch bekannte Redoxindikatoren darstellen, auf ein ähnliches Verhalten hin zu prüfen. Ich will in der folgenden Besprechung der Versuche von schwerer reduzierbaren Farbstoffen ausgehen und zu den Farbstoffen mit hohem rH-Wert aufsteigen. Nach den Untersuchungen von Rapkine, Struyk und Wurmser (1929) folgt nach dem schwer reduzierbaren Neutralrot (rH 4—7,5) das Methylenblau (rH 13,5—15,5), dann das Toluidinblau und Brillantkresylblau. Im Anschluß daran sollen auch Färbeversuche mit Toluylenblau, einem noch wenig verwendeten Vitalfarbstoff mit hohem rH, eingehender besprochen werden.

C. Methylenblau.

Da der Farbstoff nur im hoch alkalischen Bereich molekular vorliegt (Drawert 1940, 1948, 1949), sonst aber ionisiert ist, mußte bei meinen Versuchen, bei denen es galt, eine Vakuolenfärbung zu erzielen, eine auf $p_H$ 11 bis 12 gepufferte Farblösung verwendet werden. Die Farbkonzentration betrug meist 1 : 10.000, häufig aber auch 1 : 6000 und 1 : 7000. Wurde der Algenprobe die Farblösung zugesetzt, so trat rasch eine Anfärbung der Zellwände ein. Erst nach gründlichem Durchsaugen einer reinen, hoch alkalischen Pufferlösung entfärbten sich die Membranen, und der Farbstoff drang in die Vakuolen ein. Diese färbten sich meist in einem rein blauen, orthochromatischen Farbton an. Auffallend war, daß eine Zunahme der Farbintensität nur ganz kurze Zeit nach dem Durchsaugen der Pufferlösung erfolgte, dann aber aufhörte.

Wurde eine Probe, die stark gefärbte Algenzellen enthielt, mittels Vaseline luftdicht abgeschlossen, so zeigten sich schon 15 bis 20 Minuten nach der Einfärbung typische Entfärbeerscheinungen. Und zwar wurden einige Vakuolen lichtblau oder farblos (Tafel 2, Fig. 2 und 3), während andere noch ihre dunkle Färbung beibehielten. Bei *Pleurotaenium truncatum* entfärbten sich einige Vakuolen des zentralen Wabenvakuolensystems (vgl. Kiermayer 1954), während andere ihre Färbung noch weiterhin behielten. Bei *Cosmarium tetraophtalmum* sowie *Micrasterias truncata* begann die Entfärbung regelmäßig bei den seitlichen, über dem Chloroplasten gelegenen Vakuolen, so daß meist nur die mittlere große Vakuole stark gefärbt blieb. Bei solchen Zellen konnte die weitere Entfärbung unter dem Mikroskop beobachtet werden: Während die seitlichen Vakuolen vollkommen farblos wurden, verschwand auch bei den mittleren Vakuolen die blaue Farbe zusehends, bis schließlich keine Spur einer Anfärbung mehr festzustellen war. Wurde durch ein Präparat mit solchen entfärbten Zellen eine 1molare und auf $p_H$ 11 bis 12 gepufferte Traubenzuckerlösung durchgesaugt, so trat in den Vakuolen momentan eine blaue Wiederfärbung und normale Plasmolyse ein. Dadurch ist bewiesen, daß der Farbstoff nicht aus der Zelle exosmiert ist, sondern sicherlich in Form seiner farblosen Leukobase im Zellsaft gespeichert war. Beim Durchsaugen des sauerstoffreichen Plasmolytikums trat daher eine Reoxydation in Form eines momentanen Umschlags von Farblos nach Blau hin ein. Wie die normale Plasmolyse zeigte, sind die Zellen sowohl vor als auch nach der Wiederfärbung normal lebensfähig. Allerdings stirbt ein Teil der Zellen bald nach der Reoxydation ab.

Um den zeitlichen Verlauf von Anfärbung, Entfärbung und Wiederfärbung zu veranschaulichen, soll im folgenden eines der Versuchsprotokolle wiedergegeben werden.

10. Juni 1954.

Material: *Cosmarium tetraophtalmum* aus Karlstift.

Farbstoff: Methylenblau 1 : 7000, $p_H$ um 11.

12h 03′ Färbung.

12h 05′ Bei den meisten Zellen ist die Membran stark blau gefärbt. Bei sich teilenden Zellen ist die Membran der älteren Zellhälfte bedeutend stärker gefärbt als die der jungen.

12h 06′ Reine Pufferlösung durch das Präparat gesaugt.

12h 09′ In den meisten Fällen die Membran entfärbt, dafür sehr schöne blaue (orthochromatische) Vakuolenfärbung. Eine bestimmte Zelle: Die mittlere Hauptvakuole ist stark blau gefärbt, die seitlichen Vakuolen schwächer blau.

12h 20′ Die bei 12h 09 beobachtete Zelle hat die Hauptvakuole nur mehr schwach blau, die Seitenvakuolen vollkommen entfärbt.

12h 24′ Dieselbe Zelle hat die Hauptvakuole nur noch ganz schwach gefärbt. Eine andere Zelle hat die Hauptvakuole der einen Zellhälfte intensiv blau, die Hauptvakuole der anderen Halbzelle ist vollkommen farblos.

12h 35′ Die Zelle von 12h 09′ ist vollkommen entfärbt.

12h 37′ Durch das Präparat wird eine 1molare Traubenzuckerlösung durchgesaugt. Die Vakuolen färben sich momentan wieder dunkelblau an und geben normale Plasmolyse.

12h 39′ Kern färbt sich schwach blau an. Zelle stirbt.

12h 43′ Im Präparat liegen viele nach der Wiederfärbung abgestorbene Zellen. Ein großer Teil der Zellen hat jedoch die Wiederfärbung überlebt und zeigt blaue Vakuolenfärbung und normale Plasmolyse.

Als Farbstoff mit dem nächsthöheren rH-Wert folgt nach den Angaben von Rapkine, Struyk und Wurmser (1929) das Toluidinblau:

## D. Toluidinblau.

So wie Methylenblau gehört auch Toluidinblau zu den Farbstoffen, die nur im hoch alkalischen Bereich molekular vorliegen und daher nur dort zur Vakuolenfärbung geeignet sind (Drawert 1940, Höfler und Schindler 1951, Hirn 1953).

In den beiden zuletzt genannten Arbeiten wird unter anderem gezeigt, daß sich die Vakuolen der Desmidiales im hoch alkalischen Bereich mit Toluidinblau violett, bei einigen Mesotaeniales dagegen grünblau anfärben. Auch bei meinen Versuchen färbten sich die Vakuolen der meisten Desmidiaceen in einem stark metachromatisch violetten Farbton an. Wird nun ein Präparat mit solcherart gefärbten Zellen wieder luftdicht abgeschlossen, so zeigen sich auch hier Entfärbeerscheinungen in der gleichen Weise wie bei den vorne beschriebenen Methylenblau-Versuchen (Tafel 2, Fig. 2 und 3). Gegenüber Methylenblau besteht jedoch ein großer Unterschied in der Entfärbedauer. Während sich bei Methylenblau, wie aus dem Protokoll ersichtlich, eine stark gefärbte Zelle binnen einer halben Stunde vollkommen entfärbt, dauert ein Farbloswerden der gefärbten Zellen (Vakuolen) hier vielfach bis zu drei Stunden und darüber. Dies ist deshalb sehr auffällig, da nach Rapkine, Struyk und Wurmser Toluidinblau in der rH-Reihe etwas höher steht und daher noch leichter zu reduzieren sein müßte als Methylenblau. Auf den möglichen Grund für die Verzögerung der Reduktion des Farbstoffes wird bei der Diskussion über die Färbeversuche mit Brillantkresylblau noch zurückzukommen sein. Hier sei noch ein kurzes Versuchsprotokoll mit genauer Zeitangabe wiedergegeben:

10. Juni 1954.

Material: *Cosmarium tetraophtalmum* aus Karlstift.

Farbstoff: Toluidinblau 1 : 5000; $p_H$ 11.

$10^h$ 56′ Färbung.
$10^h$ 58′ Zellmembrane schwach blau.
$11^h$ 01′ Vakuolen hellviolett. Besonders stark ist meist die mittlere Hauptvakuole jeder Zellhälfte gefärbt.
$11^h$ 07′ Präparat wird luftdicht abgeschlossen.
$13^h$ 32′ Eine Zelle: Die Hauptvakuole einer Zellhälfte stark violett, die Vakuolen der anderen Hälfte vollkommen farblos. Die Zellen außerhalb vom Detritus haben noch stark violett gefärbte Vakuolen.
$13^h$ 50′ Die Zelle von $13^h$ 32′ hat die Hauptvakuole der einen Zellhälfte nur mehr ganz schwach violett und ist sonst vollkommen farblos.
$13^h$ 57′ Zelle vollkommen farblos.
$13^h$ 58′ Durch das Präparat wird eine 1molare, auf $p_H$ 11 gepufferte Traubenzuckerlösung durchgesaugt. Die Vakuolen färben sich wieder stark violett an. Normale Plasmolyse.

Als nächster Farbstoff in der Reihe der Redoxindikatoren mit steigendem rH-Wert folgt Brillantkresylblau.

## E. Brillantkresylblau.

Wegen seines verhältnismäßig niederen Umschlagspunktes und seiner starken Tinktionsfähigkeit gehört dieser basische

Oxazinfarbstoff wohl zu den beliebtesten Vitalfarbstoffen. So wurde Brillantkresylblau in jüngster Zeit auch häufig zur Vitalfärbung von Algenzellen verwendet (Höfler und Schindler 1951, 1952, 1953, Hirn 1953). Auch ich habe mich bei meinen Vitalfärbestudien an den Vakuolen der Desmidiaceen (Kiermayer 1954) öfter dieses Farbstoffes bedient. Dabei stellte es sich heraus, daß Brillantkresylblau die Vakuolen von Zellen der gleichen Art, bei gleichen Versuchsbedingungen bald violett, bald blau anfärben kann. So färbten sich damals die Wabenvakuolen von *Pleurotaenium truncatum* eines frischen Materials orthochromatisch dunkelblau an, bei einem älteren Material derselben Art jedoch stets intensiv metachromatisch violett. Selbst innerhalb ein und derselben Zelle färbten sich bei einigen Closterien (*Cl. lunula, Cl. libellula*) die Endvakuolen intensiv violett, während die übrigen Vakuolen einen lichtblauen Farbton zeigten. (Auf die metachromatische Anfärbung der Endvakuolen von Closterien haben erstmalig Cholnoky und Höfler 1950 hingewiesen.)

Wie damals festgestellt werden konnte, entfärben sich die orthochromatisch dunkelblau gefärbten Vakuolen von *Pleurotaenium truncatum* bei geringem Sauerstoffmangel (Deckglasabschluß) binnen 5 bis 10 Minuten vollständig.

Um diese interessanten Entfärbeerscheinungen nochmals zu studieren, färbte ich auch im Zuge der jetzigen Untersuchungen Pleurotaenien mit Brillantkresylblau. Es stand ein älteres, schon 2 Jahre im Institut kultiviertes Algenmaterial zur Verfügung, bei dem sich die Vakuolen mit obigem Farbstoff rotviolett anfärbten. Wurde ein Präparat mit solcherart gefärbten Zellen luftdicht abgeschlossen, so trat gegen alle Erwartung eine Entfärbung der Vakuolen nicht nach 5—10 Minuten, sondern erst nach etwa 1 Stunde ein. Aber auch nach dieser Zeit fanden sich noch eine große Menge gefärbter Zellen in dem abgeschlossenen Präparat. Es waren vor allem solche Zellen, die weit außerhalb vom Detritus lagen. Zellen in unmittelbarer Detritusnähe waren meist teilweise oder schon vollkommen entfärbt. Ragte die eine Hälfte einer *Pleurotaenium*-Zelle in den Detritus hinein, die andere dagegen nicht, so blieben die Vakuolen der detritusfreien Hälfte stark gefärbt, während die der anderen Halbzelle ihre Färbung vollkommen verloren. Daraus ist zu ersehen, daß der Detritus als eine Zone größerer Sauerstoffarmut auf die Entfärbedauer einen großen Einfluß hat.

Wird durch ein Präparat mit entfärbten Zellen eine 1molare, auf $p_H$ 11 gepufferte Traubenzuckerlösung durchgesaugt, so tritt augenblicklich mit dem leichten Beginn einer Plasmolyse auch eine violette Wiederfärbung der farblosen Vakuolen ein. Es wird also auch Brillantkresylblau innerhalb der Vakuolen bei Sauerstoffmangel zu der farblosen Leukobase reduziert, die bei Zufuhr einer sauerstoffreichen Lösung sofort wieder in die oxydierte, gefärbte Form übergeht.

Wie gezeigt, tritt bei den metachromatisch violett gefärbten Vakuolen eine Reduktion des Farbstoffes erst viel später als bei den orthochromatisch blauen ein. Dem hohen Redoxpotential des Brillantkresylblau entspricht also wohl die Entfärbedauer bei den orthochromatisch, nicht aber bei den metachromatisch gefärbten Vakuolen. Bei den letzteren erfährt die Reduktion des Farbstoffes eine beträchtliche V e r z ö g e r u n g. Auch bei den früher besprochenen, stark metachromatischen Färbebildern bei Toluidinblaufärbung trat eine starke Verzögerung in der Reduktion des Farbstoffes ein. Sowohl Toluidinblau als auch Brillantkresylblau müßte sich, vermöge ihrer höheren Redoxpotentiale, rascher entfärben als Methylenblau. Tatsächlich ist die Entfärbedauer bei metachromatisch gefärbten Vakuolen aber sowohl bei Toluidinblau- als bei Brillantkresylblaufärbung bedeutend höher. Sie entspricht dagegen bei den mit Brillantkresylblau orthochromatisch b l a u gefärbten Vakuolen dem rH-Wert.

Es ist anzunehmen, daß bei metachromatischer Anfärbung der Vakuolen der Farbstoff den reduzierenden Stoffen innerhalb der Zelle weniger leicht anheimfallen kann, die Färbung daher längere Zeit erhalten bleibt.

In diesem Zusammenhang müssen auch Färbeversuche mit Closterien erwähnt werden. Wie oben gesagt, färben sich hier bei einigen Arten (besonders *Cl. libellula*) die Endvakuolen metachromatisch violett, die übrigen Vakuolen dagegen rein blau an. Ich konnte nun beobachten, daß in vielen Fällen die schwach blaue Färbung der Wabenvakuolen nach einiger Zeit des Deckglasabschlusses vollkommen verschwindet, die intensive Färbung der Endvakuolen jedoch erhalten bleibt, so daß auf diese Weise eine vollkommen ungefärbte Closterien-Zelle zwei intensiv violette Endvakuolen zeigt. Wahrscheinlich ist auch hier ein bestimmter Speicherstoff in den Endvakuolen, der die metachromatische Anfärbung hervorruft und den Wabenvakuolen fehlt, für das Erhaltenbleiben der Färbung maßgebend.

Zum Abschluß der Färbstudien folgen Versuche mit Toluylenblau, einem zur Vitalfärbung noch wenig verwendeten basischen Farbstoff (K i e r m a y e r 1954) mit hohem Redoxpotential.

F. Toluylenblau.

Nachdem ich in der mir zugänglichen Literatur noch keine genaueren Angaben über die Dissoziationsverhältnisse des Toluylenblau finden konnte, schien es mir vor den Vitalfärbeversuchen wichtig, vor allem den Umschlagspunkt des Farbstoffes orientierend zu bestimmen. Zu diesem Zweck wurde derselbe bei verschieden hohem $p_H$-Wert mit Benzol ausgeschüttelt. Die Versuche ergaben, daß der Umschlagspunkt etwas höher als der des Neutralrots, ungefähr bei $p_H$ 8 bis 8,75, gelegen ist. Bei diesem $p_H$ beginnt sich der Farbstoff mit roter Farbe im Benzol zu lösen. Quantitativ geht er jedoch erst bei $p_H$ 10,1 bis 11,6 in das Benzol über. Somit liegt Toluylenblau unterhalb $p_H$ 8 in Ionen dissoziiert vor, ist dagegen oberhalb $p_H$ 8 in Form permeierfähiger Farbmoleküle vorhanden. Dementsprechend ist bei Vitalfärbeversuchen aus einer Farblösung unterhalb $p_H$ 8 nur eine elektroadsorptive Anfärbung der Membranen, oberhalb $p_H$ 8 aber auch eine Permeation der Farbmoleküle in die Vakuole zu erwarten.

Läßt man eine Stammlösung (1 : 1000 gelöst in Aqua dest.) bei Lichtzutritt und normaler Zimmertemperatur (etwa 19° C) einige Tage stehen, so wird die zuerst rein blaue Farblösung auffallend violett. Diese Verfärbung geht schließlich so weit, daß nach etwa 14 Tagen aus der blauen Lösung eine rein rote entstanden ist. Da nach Karrer (1950), aus dessen Lehrbuch auch nachfolgende chemische Formeln entnommen sind, Toluylenblau ein Zwischenprodukt bei der Herstellung von Neutralrot ist und sich beim Kochen durch einen Disproportionierungsvorgang leicht in Neutralrot verwandeln kann, scheint es sehr wahrscheinlich, daß sich Toluylenblau auch schon bei Zimmertemperatur, entsprechend langsamer, in Neutralrot umwandelt:

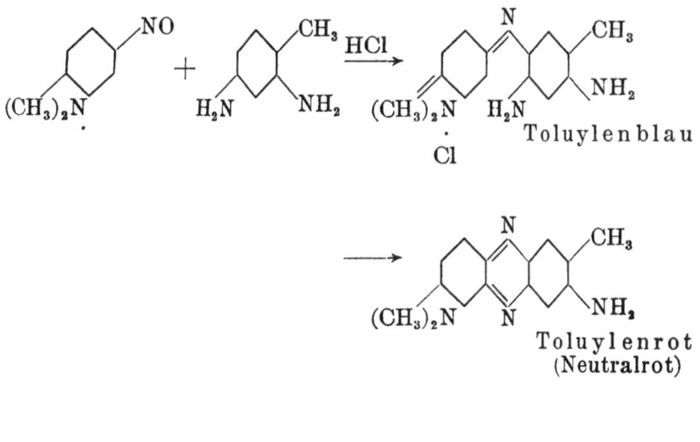

NO; $(CH_3)_2N$ + $CH_3$; $H_2N$; $NH_2$ $\xrightarrow{HCl}$ N; $CH_3$; $NH_2$; $(CH_3)_2N$; $H_2N$; Cl

Toluylenblau

$\longrightarrow$ N; $CH_3$; $NH_2$; $(CH_3)_2N$; N

Toluylenrot (Neutralrot)

Eine mehrere Tage alte Stammlösung von Toluylenblau stellt somit eine Mischlösung von Toluylenblau und Neutralrot dar, in der bei verhältnismäßig „jungen" Lösungen das Toluylenblau, bei älteren dagegen Neutralrot überwiegt.

Ich stellte zunächst orientierende Vitalfärbeversuche an Desmidiaceenzellen mit in Wiener Leitungswasser ($p_H$ um 7,8) gelösten, frisch bereiteten Toluylenblau-Lösungen an. Es zeigte sich, daß bei diesem $p_H$ tatsächlich nur die Zellmembranen, nicht aber die Vakuolen blau gefärbt wurden. Wurde der $p_H$-Wert mittels eines Phosphatpuffers auf 10,1 erhöht, so trat bei der Farbstoffkonzentration von 1 : 5000 bis 1 : 7000 bei vielen Zellen binnen weniger Minuten eine starke Färbung der Vakuolen ein. Der Farbton war stets orthochromatisch blau, Metachromasie war nie zu beobachten. So wie bei den früher besprochenen Farbstoffen trat auch hier bei geringem $O_2$-Mangel (es genügte bereits Deckglasbedeckung), dem hohen rH-Wert des Toluylenblaus entsprechend, schon binnen 10—15 Minuten eine völlige Entfärbung der Vakuolen ein. Verzögerungen in der Reduktion des Farbstoffes wie bei den mit Toluidinblau oder Brillantkresylblau metachromatisch gefärbten Zellsäften traten hier erwartungsgemäß nicht auf.

Neben der Entfärbung der Vakuolen durch Reduktion des Farbstoffes kommt es bei Vitalfärbung mit Toluylenblau sehr häufig auch dadurch zu einem Farbverlust der Vakuolen, daß in ihnen der Farbstoff in Form großer, schollenförmiger, braunvioletter Kristalle ausfällt (Tafel 3, Fig. 4 und 5, und Tafel 4, Fig. 8). Bei Desmidiaceen mit in Waben gegliedertem Vakuom (Kiermayer 1954) liegt dann in jeder Wabenvakuole ein, der Größe der Vakuole entsprechender Kristall (Tafel 4, Fig. 8). Zellen mit starker Farbstoffällung zeigen jedoch stets auch schon die Symptome einer allgemeinen Nekrose und sterben sehr bald ab.

Besonders deutliche Färbebilder gaben vor allem wieder die verschiedenen *Micrasterias*-Arten, besonders *Micrasterias truncata*, während bei Closterien auffallenderweise mit Toluylenblau keine befriedigende Anfärbung erzielt werden konnte. Wahrscheinlich deshalb nicht, weil reines Toluylenblau, nach den Versuchen zu schließen, auch schon in geringer Konzentration geboten, stark schädigend wirkt und die *Closterium*-Zellen noch vor einer deutlichen Anfärbung absterben.

Wie entsprechende Versuche ergaben, ist jedoch eine mehrere Tage alte Lösung von Toluylenblau, d. h. also eine Mischlösung von Toluylenblau und Neutralrot, bedeutend weniger giftig als eine frisch bereitete Lösung, und es schienen deshalb Vitalfärbeversuche mit einer solchen Mischlösung erfolgversprechend.

Tafel 1.

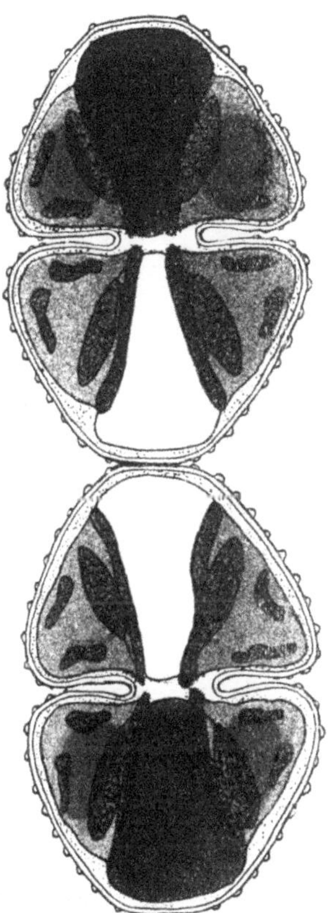

Fig. 1. *Cosmarium tetraophtalmum* nach der Teilung. Nach Vitalfärbung mit Neutralrot nur die alten Zellhälften gefärbt. Die Vakuolen der jungen Zellhälften vollkommen farblos.

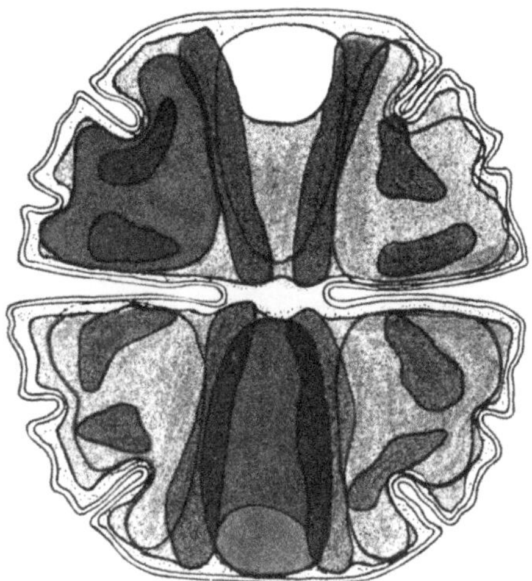

Fig. 2.

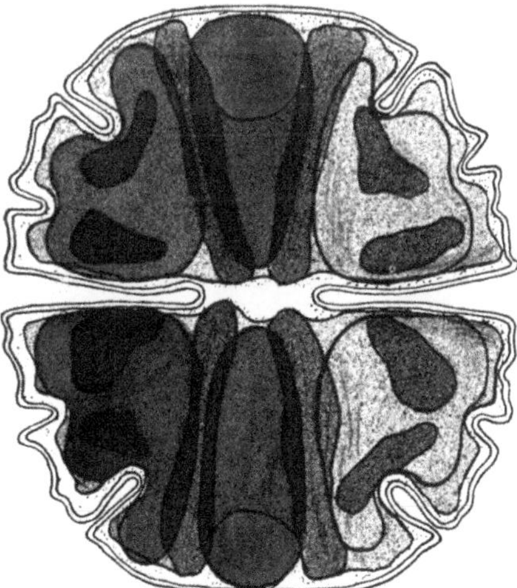

Fig. 3.

Fig. 2. und 3. *Micrasterias truncata* mit Methylenblau vitalgefärbt. Einige Vakuolen durch Reduktion des Methylenblaus bereits farblos.

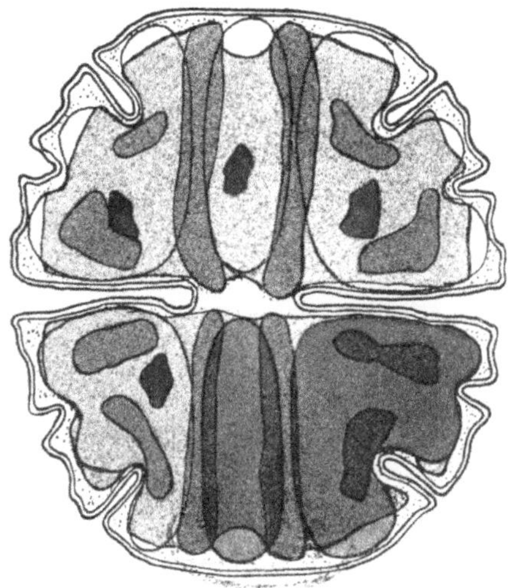

Fig. 4.

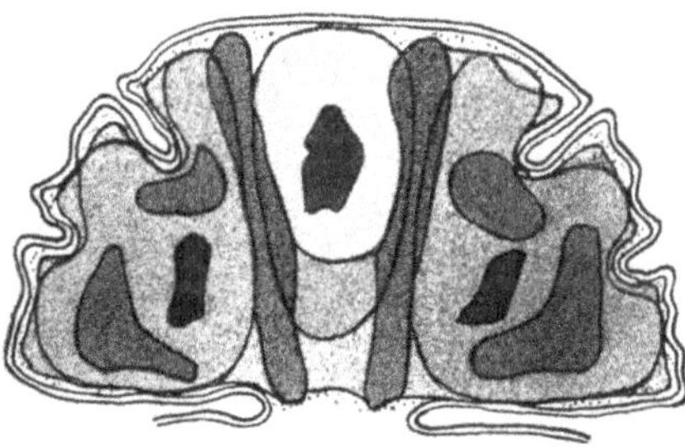

Fig. 5.

Fig. 4. *Micrasterias truncata* mit Toluylenblau gefärbt. Einige Vakuolen sind farblos, dafür liegen in diesen große schollenförmige Kristalle.

Fig. 5. *Micrasterias truncata.* Mit einem Gemisch von Neutralrot-Methylenblau vitalgefärbt. Toluylenblau ist in Form großer Kristalle ausgefallen, wodurch die Vakuolen nur mehr schwach rot gefärbt erscheinen.

Tafel 4.

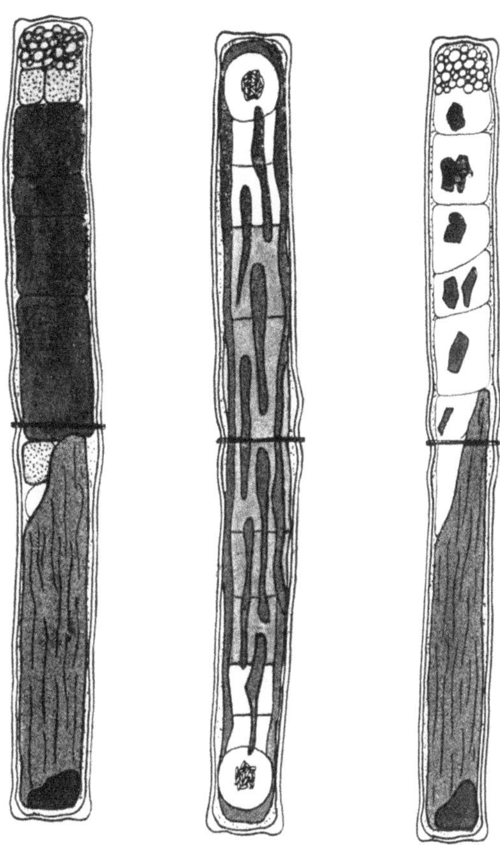

Fig. 6. Fig. 7. Fig. 8.

Fig. 6. *Pleurotaenium truncatum.* Zentrifugiert und nachträglich mit einem Neutralrot-Toluylenblau-Gemisch gefärbt. Der Großteil der Wabenvakuolen ist dunkelviolett gefärbt; einige Vakuolen am Ende sowie in unmittelbarer Chloroplastennähe sind auffallend b l a u (punktiert).

Fig. 7. *Pleurotaenium truncatum.* Von den zentralen Wabenvakuolen, die zuerst einheitlich mit Neutralrot gefärbt waren, sind einige, darunter auch die Endvakuolen, durch Exosmose des Neutralrots farblos geworden.

Fig. 8. *Pleurotaenium truncatum.* Kristallausfall in den Wabenvakuolen nach Färbung mit Toluylenblau.

## G. Vitalfärbeversuche mit Mischlösungen von Toluylenblau und Neutralrot.

Der Gedanke einer simultanen Doppelfärbung ist nicht neu, und man findet in der Literatur schon mehrere Angaben über derartige Versuche (Rhumbler 1893, Ruzicka 1904). Botanischerseits waren es vor allem Weber (1933) und Küster (1942), die sich eingehender mit diesem Problem beschäftigten. Mit der Methode der Doppelfärbung in einer Mischlösung aus Neutralrot und Methylenblau konnte Küster vor allem zeigen, daß Gewebezellen je nach ihrem Lebenszustand entweder den roten oder den blauen Farbstoff speichern. Er macht für diese Selektion vor allem $p_H$-Änderungen des Zellsaftes bei Änderung des Lebenszustandes verantwortlich. Darauf wird jedoch später noch eingehender zurückzukommen sein. Im folgenden sollen vorerst meine Versuche mit Mischlösungen von Toluylenblau und Neutralrot dargelegt werden:

Stellt man mit einer 3 Tage alten Stammlösung von Toluylenblau (1 : 1000)[6], die nach dieser Zeit wie erwähnt schon einen höheren Prozentsatz an Neutralrot enthält, eine Verdünnung von 1 : 5000 oder 1 : 6000 (gelöst in Wiener Leitungswasser $p_H$ 7,8) her und färbt damit das Algenmaterial, so zeigt sich schon nach wenigen Minuten Färbedauer ein buntes Bild: Da bei diesem $p_H$ der Lösung das Toluylenblau, vermöge des höheren Umschlagspunktes, noch stark dissoziiert ist, tritt allgemein eine starke elektroadsorptive blaue Membranfärbung ein. Neutralrot bei diesem $p_H$ schon größtenteils molekular, kann jedoch in die Vakuolen eindringen und färbt diese rot an. Somit sind an ein und derselben Zelle die Zellwand stark blau, die Vakuolen dagegen rot gefärbt.

Wird eine solche Mischlösung mittels Phosphatpuffer auf $p_H$ 10 gebracht, so geht auch Toluylenblau in die molekulare permeierfähige Phase über und dringt in die Vakuolen ein. Aus der Mischung von Neutralrot und Toluylenblau ergibt sich eine leuchtend violette Zellsaftfärbung. Besonders schöne Färbebilder fanden sich wieder bei *Micrasterias truncata* (Tafel 5, Fig. 2) und *Cosmarium tetraophtalmum*. Hier waren stets die großen mittleren und auch die seitlichen, oberhalb des Chloroplasten gelegenen Vakuolen leuchtend violett.

[6] Eine Mischung von 0,8 $cm^3$ einer frischen Toluylenblau-Stammlösung (1 : 1000) + 0,2 $cm^3$ einer Neutralrot-Stammlösung, entsprechend verdünnt und gepuffert, zeigte im wesentlichen gleiche Versuchsresultate wie eine mehrere Tage alte Toluylenblau-Stammlösung, erwies sich jedoch gegenüber der letzteren etwas giftiger.

Wird ein Präparat mit so gefärbten Zellen etwa 10 bis 15 Minuten nach der Einfärbung erneut untersucht, so zeigt sich ein überraschend buntes Bild. Neben den Zellen mit violetter Zellsaftfärbung haben viele die Vakuolen rein rot (Tafel 5, Fig. 3), andere wieder leuchtend blau gefärbt (Tafel 5, Fig. 4). Bei aufmerksamer Dauerbeobachtung unter dem Mikroskop läßt sich eindeutig feststellen, daß ursprünglich alle Zellen eine violette Zellsaftfärbung hatten, sich aber dann entweder nach Rot oder nach Blau hin umfärbten. Ein kurzes Versuchsprotokoll soll den zeitlichen Verlauf der Umfärbung zeigen:

3. Februar 1953.
Material: Karlstift.
Farbstoff: Toluylenblau (Stammlösung 3 Tage alt), 1 : 5000, $p_H$ 12.

*Micrasterias truncata*

$11^h$ 21′ Färbung.

$11^h$ 29′ Zellwände ungefärbt. Die Vakuolen leuchtend violett. Die mittleren Vakuomabschnitte sind meist etwas dünkler violett als die seitlichen. Im Präparat liegen einige Zellen mit auffallend hellblau gefärbtem Vakuom.

$11^h$ 55′ Beim Großteil der Zellen des Präparates hat sich das Vakuom von Violett auf Hellrot umgefärbt. Auffallend ist, daß der rote Farbton nur sehr schwach ist, im Gegensatz zu der vorerst intensiven Violettfärbung. Die Zellen, die um $11^h$ 29′ das Vakuom hellblau gefärbt hatten, sind durchwegs abgestorben und zeigen dunkelblaue Kernfärbung. Während fast alle Zellen von *Micrasterias truncata* hellrot gefärbt sind, ist das Vakuom eines kleinen *Cosmarium* sp. noch intensiv violett.

$12^h$ 10′ Ganz vereinzelt ist das Vakuom noch hellviolett gefärbt, bei der überwiegenden Mehrzahl jedoch hellrot. Das kleine *Cosmarium* sp. ist noch stark violett.

---

Erklärung zu nebenstehender Farbtafel.

1. *Pleurotaenium truncatum.* Mit einem Neutralrot-Toluylenblau-Gemisch vitalgefärbt. Der Großteil der zentralen Wabenvakuolen dunkelviolett, einige Vakuolen am Ende der Zelle deutlich blau.
2. *Micrasterias truncata.* Vakuom mit einem Neutralrot-Toluylenblau-Gemisch violett gefärbt.
3. Das Vakuom hat sich durch Reduktion des Toluylenblaus nach Rot umgefärbt.
4. Das Vakuom hat sich durch Exosmose des Neutralrots nach Blau umgefärbt.
5. *Pleurotaenium truncatum,* zentrifugiert und mit einem Neutralrot-Toluylenblau-Gemisch gefärbt. Die zuerst einheitlich violett gefärbten Vakuolen haben sich im Zellende nach Blau, in Chloroplastennähe nach Rot umgefärbt. Dazwischen noch einige Vakuolen, welche die ursprüngliche violette Färbung beibehalten haben.
6. *Pleurotaenium truncatum* zentrifugiert, 1 Tag nach der Neutralrotfärbung. Mit zunehmender Entfernung der Vakuolen vom verlagerten Chloroplasten nimmt die Farbintensität immer mehr ab. Oberhalb des Chloroplasten einige stark abgerundete, intensiv rote kontrahierte Vakuolen.

Tafel 5.

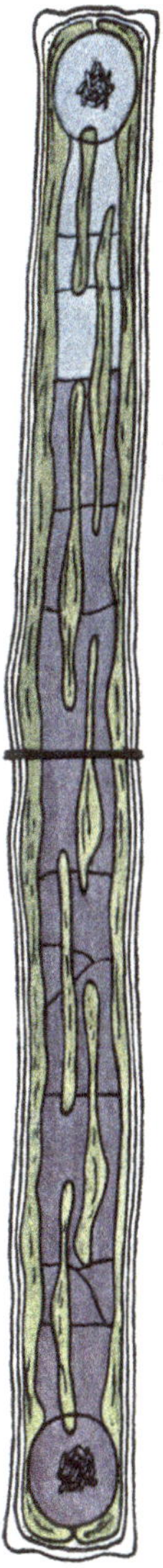

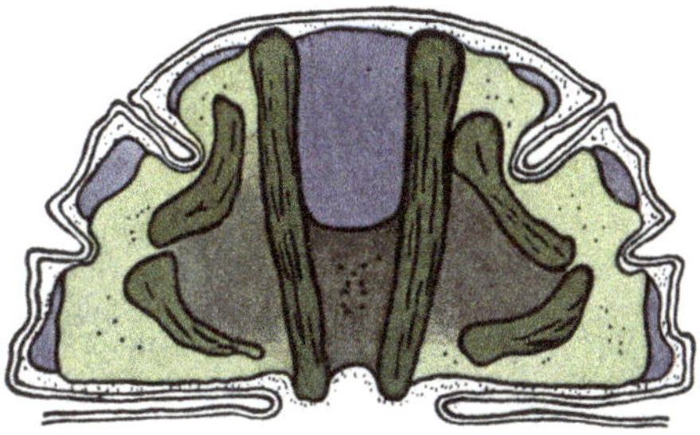

2

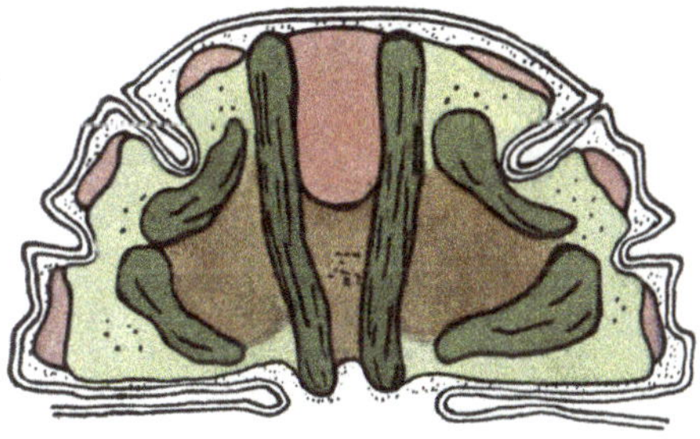

3

1

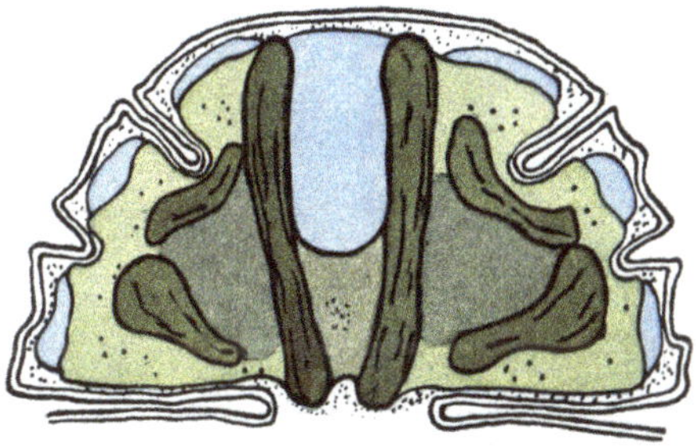

4

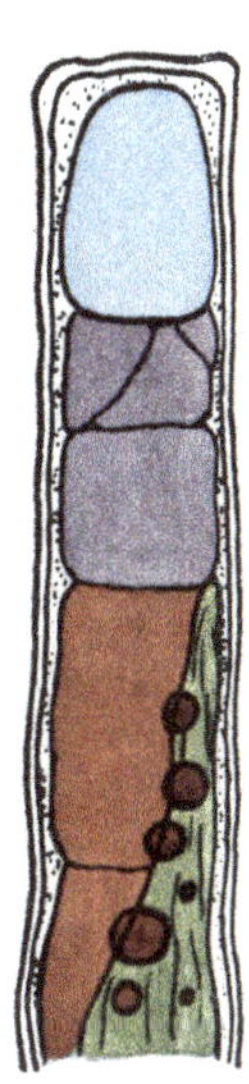

5

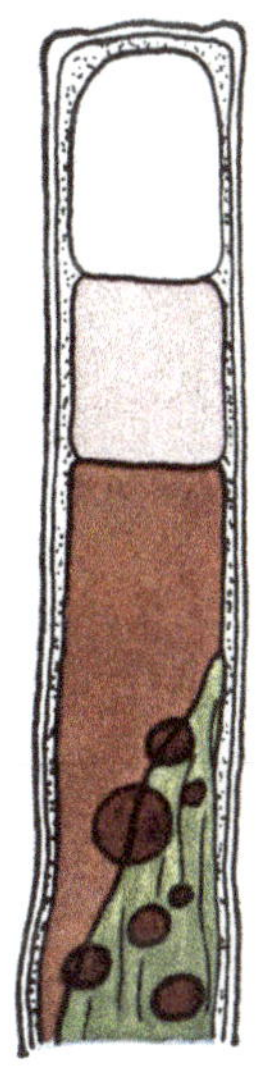

6

Bei zentrifugierten *Pleurotaenium truncatum*-Zellen, bei denen sich der Chloroplast stark zentrifugal verlagert und dadurch das System von Wabenvakuolen sehr deutlich sichtbar wird, färben sich sogar innerhalb ein und derselben Zelle manche Wabenvakuolen von Violett auf Rot, andere unmittelbar an solche angrenzende Vakuolen auf Blau um (Tafel 4, Fig. 6, und Tafel 5, Fig. 5).

Während die Zellen mit roter Vakuolenfärbung noch viele Stunden, ja oft Tage normal lebensfähig bleiben, sterben die blau gefärbten stets schon kurze Zeit nach ihrer Umfärbung ab. Trotzdem sind Zellen mit blauer Vakuolenfärbung kurz nach der Umfärbung noch normal plasmolysierbar und zeigen in vielen Fällen noch Plasmaströmung.

Der Grund für die Umfärbung der violett gefärbten Vakuolen nach Rot liegt wohl sicher in der Reduktion des leicht reduzierbaren Toluylenblaus zur farblosen Leukobase. Dadurch verschwindet die blaue Komponente, und das rote, schwerer reduzierbare Neutralrot verbleibt innerhalb der Vakuolen. Auch bei Färbeversuchen mit reinem Toluylenblau trat, wie vorne berichtet, bei Deckglasbedeckung die Reduktion des blauen Farbstoffes zur Leukobase ein.

Die Umfärbung der violetten Vakuolen nach Blau und das Verschwinden der roten Komponente kann jedoch nicht auf einem Reduktionsvorgang wie im ersten Fall beruhen, da ja Neutralrot mit dem tiefen rH-Wert (vgl. die nachfolgende Tabelle) nicht früher als das überaus leicht reduzierbare Toluylenblau reduziert werden kann.

| Farbstoff | rH-Wert | Umschlagsbereich | Reduktion |
|---|---|---|---|
| Neutralrot | 4– 7,5 | etwa $p_H$ 7 | schwer |
| Toluylenblau | 16—18 | etwa $p_H$ 8—8,75 | leicht |

Das Verschwinden von Neutralrot und das Erhaltenbleiben der blauen Färbung darf demnach nicht im Zusammenhang mit Redoxerscheinungen gebracht, sondern muß anders gedeutet werden:

Wie weiter oben gezeigt wurde, sterben die Zellen, die ihr Vakuom von Violett auf Blau umgefärbt haben, sämtlich nach einiger Zeit ab. Es stellt also wahrscheinlich die Umfärbung von Violett auf Blau das allererste Anzeichen einer beginnenden Nekrose dar. Küster (1938) spricht bei Untersuchungen über die Farbänderung des roten Anthocyans von *Hyacinthus* und anderen

Objekten nach Blau die Vermutung aus, „daß es sich um einen, durch das nekrobiotisch veränderte Protoplasma bewirkten Reaktionswechsel des Zellsaftes handeln möchte“. Auch bei seinen Färbeversuchen mit einem Gemisch von Methylenblau und Neutralrot, wobei sich die Zellen des Wundrandes blau, die übrigen dagegen rot oder violett färbten, glaubt Küster (1942), diese Unterschiede auf eine Reaktionsveränderung des Zellsaftes zurückführen zu können.

Zur Erklärung der Umfärbung violett gefärbter Vakuolen von Algenzellen bei Vitalfärbung mit einem Neutralrot-Toluylenblau-Gemisch nach Blau, glaube ich mich der Annahme Küsters voll anschließen zu dürfen. Auch bei den Algenzellen mit blauer Vakuolenfärbung scheint sich der Zellsaft mehr nach der alkalischen Seite hin verändert zu haben. Dadurch aber erfolgt eine Verschiebung des Gleichgewichts zwischen molekularer und dissoziierter Phase der Farbstoffe zugunsten der molekularen. Da nun Neutralrot gegenüber Toluylenblau den niedereren Umschlagspunkt besitzt, wird ersteres bei Erhöhung des $p_H$-Wertes des Zellsaftes von der dissoziierten in die molekulare Form übergehen und durch das Plasma exosmieren. Für Toluylenblau mit dem höheren Umschlagspunkt bleibt die Ionenfalle weiterhin bestehen. Durch die Exosmose von Neutralrot erscheint die Umfärbung von Violett nach Blau verständlich. Nachfolgendes Schema soll die beiden Umfärbungsmöglichkeiten veranschaulichen:

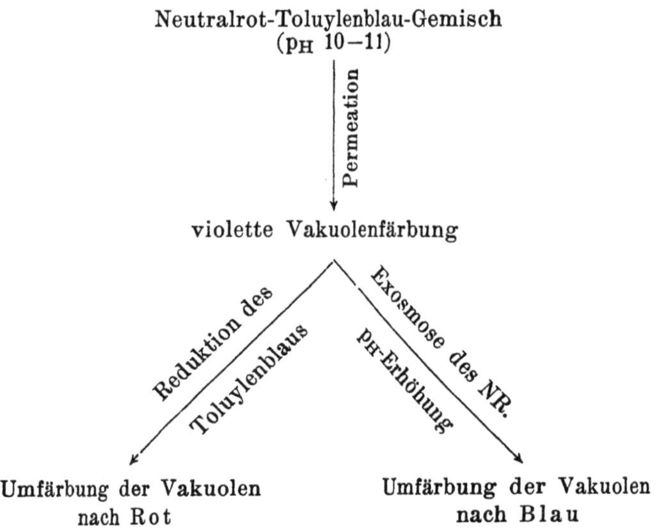

Gegen diese Deutung wäre einzuwenden, daß bei den nach Rot umgefärbten Zellen das Toluylenblau reduziert worden sein könnte, bei den blauen Zellen dagegen nicht. Man könnte annehmen, daß vielleicht die blauen Zellen, die ihrem Absterben nicht mehr ferne sind, die Reduktionskraft verloren haben oder aber daß durch die Erhöhung des $p_H$-Wertes im Zellsaft und dem damit verbundenen Abfall des rH-Wertes eine starke Verzögerung in der Reduktion des Toluylenblaus eintritt.

Im Zusammenhang mit der Reaktionsänderung des Zellsaftes durch das nekrobiotisch veränderte Protoplasma muß nun auf die ganz vorne besprochenen Vitalfärbeversuche mit reinem Neutralrot zurückgekommen werden. Dort wurde gezeigt, daß stärker gefärbte Zellen von *Cosmarium tetraophtalmum* oder *Micrasterias truncata* nach 3 bis 5 Tagen bei Luftabschluß absterben, daß aber schon lange vor dem Zelltod die roten Vakuolen braunrot werden und sich zu entfärben beginnen. Auch diese Erscheinung beruht aller Wahrscheinlichkeit nach darauf, daß der Zellsaft durch basische Stoffe, die von seiten des nekrobiotischen Plasmas in die Vakuole abgegeben werden, alkalischer wird, wobei das Neutralrot nach Braunrot umschlägt und schließlich exosmiert. Für diese Annahme sprechen vor allem auch die vorne beschriebenen Versuche, wobei bei der Entfärbung einer oder mehrerer Wabenvakuolen deren Nachbarvakuolen eine starke Zunahme in ihrer Farbintensität erfuhren. Wahrscheinlich permeiert das, aus einer Wabenvakuole austretende, jetzt molekulare Neutralrot gleich in die anschließende, vielfach noch „saure" Nachbarvakuole und verursacht dort die starke Zunahme der Farbintensität.

Besonderer Klärung bedürfen auch die Entfärbeerscheinungen der zentrifugierten und nachträglich mit Neutralrot gefärbten *Pleurotaenium truncatum*-Zellen (vgl. Kiermayer 1954). Wie ich damals zeigen konnte, entfärben sich bei so präparierten Zellen bei vollkommenem Luftabschluß nur die vom verlagerten Chloroplasten weiter entfernten Wabenvakuolen, während die Vakuolen in unmittelbarer Nähe des Chloroplasten ihre normale Färbung beibehalten (Tafel 5, Fig. 6). Färbt man nun *Pleurotaenium*-Zellen, die vorerst zentrifugiert wurden und dadurch den Chloroplasten stark zentrifugal verlagert haben, mit einer Mischlösung von Toluylenblau und Neutralrot (0,8 $cm^3$ einer Toluylenblau-Stammlösung 1 : 1000 + 0,2 $cm^3$ einer Neutralrot-Stammlösung + 1 $cm^3$ Pufferlösung von $p_H$ 11 + 5 $cm^3$ Aqua dest.), so zeigen sich sehr interessante Färbebilder: Kurz nach der Einfärbung sind alle Wabenvakuolen einheitlich violett gefärbt. Beobachtet man solcherart gefärbte Zellen jedoch etwa 10 bis 15 Minuten später, so sind bei einer großen Anzahl von Zellen die vordersten, d. h. die Vakuolen, die am weitesten von Chloroplasten entfernt sind, blau, die danach anschließenden violett, schließlich die Vakuolen in unmittelbarer Chloroplastennähe rein rot gefärbt (Tafel 5, Fig. 5). Je weiter die Vakuolen einer *Pleurotaenium*-Zelle also vom verlagerten Chloroplasten entfernt sind, desto mehr neigen sie dazu, sich von Violett nach Blau hin umzufärben.

Macht man für diese Umfärbung wieder eine Reaktionsänderung des Zellsaftes verantwortlich, so werden damit die früher gemachten Beobachtungen über die Entfärbung von neutralrotgefärbten und zentrifugierten *Pleurotaenium truncatum*-Zellen verständlich. Aller Wahrscheinlichkeit nach tritt in den Vakuolen, die vom verlagerten Chloroplasten weiter entfernt sind, nach längerem Luftabschluß eine Erhöhung des $p_H$-Wertes ein, während in den Wabenvakuolen in unmittelbarer Chloroplastennähe die ursprünglich saure Reaktion des Zellsaftes erhalten bleibt. Auf diese Art wird es verständlich, daß in den vom Chloroplasten entfernten Vakuolen das Neutralrot exosmiert, in den Vakuolen beim Chloroplasten aber die Ionenfalle und damit die normale Neutralrotfärbung erhalten bleibt.

## IV. Besprechung und Zusammenfassung.

In vorliegender Abhandlung wird über Entfärbe- und Umfärbeerscheinungen an vitalgefärbten Desmidiaceen-Vakuolen berichtet. Orientierend wurden auch Untersuchungen an Epidermisschnitten von *Allium cepa* durchgeführt. Zur Anfärbung der Vakuolen kamen nur basische, leicht permeierfähige Farbstoffe, die gleichzeitig auch Redoxindikatoren darstellen, so vor allem Neutralrot, Methylenblau, Toluidinblau, Brillantkresylblau und Toluylenblau, zur Verwendung.

Wurde eine Algenprobe, welche Zellen mit stark tingierten Vakuolen enthielt, mittels eines Deckglases bedeckt und luftdicht mit Vaseline abgeschlossen, so zeigten sich nach einiger Zeit auffallende Veränderungen des in den Vakuolen gespeicherten Farbstoffes:

Bei Neutralrotfärbung trat nach 3wöchigem Luftabschluß eine Umfärbung der vorerst roten Vakuolen nach Dottergelb ein, während sich die mit den oben genannten blauen Farbstoffen tingierten Vakuolen in bedeutend kürzerer Zeit vollkommen entfärbten (vgl. Kiermayer 1954). Da beim Durchsaugen einer sauerstoffreichen Lösung (z. B. eines Plasmolytikums) durch das Präparat die farblosen Vakuolen sofort wieder ihre ursprüngliche Färbung annahmen, also keine Exosmose der Farbstoffe stattfand, ist sowohl die Um- als die Entfärbung der Vakuolen aller Wahrscheinlichkeit nach auf eine intrazelluläre Reduktion des gespeicherten Vitalfarbstoffes zurückzuführen; die Wiederfärbung beim Durchsaugen eines sauerstoffreichen Plasmolytikums als Reoxydation aufzufassen. Auf der nachfolgenden, die Versuchsergebnisse zusammenfassenden Tabelle ist zu ersehen, daß die Entfärbedauer je nach dem rH-Wert des verwendeten Farbstoffes verschieden groß ist, d. h. daß Farbstoffe mit höherem rH-Wert in den Vakuolen bei $O_2$-Mangel erwartungsgemäß rascher reduziert werden als solche mit einem niederen Wert.

Diese Regel scheint jedoch nur dann Geltung zu haben, wenn die Anfärbung der Vakuolen in einem orthochromatischen Farbton erfolgt. Bei metachromatisch gefärbten Vakuolen tritt, wie die nachfolgende Tabelle zeigt, eine bedeutende Verzögerung in der Reduktion des Farbstoffes ein:

| rH | Farbstoff, geordnet nach steigendem rH | Vakuolenfärbung | Reduktion des Farbstoffes nach |
|---|---|---|---|
| 4 — 7,5 | Neutralrot | orthochr. | mehreren Tagen |
| 13,5—15,5 | Methylenblau | orthochr. | etwa 15— 20 Min. |
| | Toluidinblau | metachr. | etwa 120—180 Min. |
| | Brillantkresylblau | metachr. | etwa 60 Min. |
| | | orthochr. | etwa 5— 10 Min. |
| 16 —18 | Toluylenblau | orthochr. | etwa 5— 10 Min. |

Bei metachromatisch gefärbten Vakuolen bleibt daher die Anfärbung auch bei stärkerem Sauerstoffmangel noch viel länger erhalten, als es dem Redoxpotential des Farbstoffes entsprechen würde. Darauf ist vielleicht auch das Erhaltenbleiben der Färbung der metachromatisch tingierten Endvakuolen von Closterien (Cholnoky und Höfler 1950, Kiermayer 1954) zurückzuführen.

Da, wie die Versuche zeigten, Neutralrot nach längerer Zeit intrazellulär zu einer gelben Form reduziert und als solche in den Vakuolen gespeichert wird, schienen Vitalfärbeversuche mit Neutralrot, das vorher durch ein chemisches Reduktionsmittel reduziert wurde (nach Clark und Perkins 1932 als Fluoreszent X bezeichnet), von besonderem Interesse.

Es ergab sich, daß Neutralrot mit einem geringen Zusatz von Rongalit bei Erwärmung in eine gelbe, schon bei gewöhnlichem Tageslicht stark grünlich fluoreszierende Reduktionsstufe übergeht (Clark and Perkins 1932). Wurde eine Algenprobe mit einer solchen Lösung versetzt, so trat bei saurer Reaktion des Farbbades nach längerer Zeit eine starke gelbe Membranfärbung, bei alkalischer Reaktion dagegen eine intensive dottergelbe Vakuolenfärbung ein. Solcherart gefärbte Vakuolen leuchteten im UV-Licht überaus gleißend gelbgrün bis weißgelb. Die rote Primärfluoreszenz der Chloroplasten war entweder gelöscht, oder der Chloroplast leuchtete in einem warmen goldbraunen Farbton.

Eine Ausnahme in der Vakuolenfluoreszenz bildeten jedoch *Netrium digitus* und *Cylindrocystis Brebissonii,* die nach Höfler und Schindler (1951) und Hirn (1953) „volle", d. h. speicherstoffführende Zellsäfte besitzen. Hier färbten sich die Vakuolen im Hellfeld intensiv braunrot, zeigten dagegen im UV-Licht nicht die geringste Fluoreszenz. Auch die Eigenfluoreszenz der Chloroplasten war hier stets vollkommen gelöscht.

Orientierend wurden auch die Vakuolen der Außen- und Innenepidermis der Zwiebelschuppen von *Allium cepa* bei Fluorochromierung mit Fluoreszent X untersucht. Es stellte sich heraus, daß die „leeren" Zellsäfte der Innenepidermis überaus stark grün fluoreszierten, die „vollen" der Außenepidermis dagegen in einem warmen braunen Farbton leuchteten. Somit ergibt sich bei Flurochromierung mit obigem Farbstoff ein eindeutiger Unterschied in der Fluoreszenz des vollen Zellsaftes von *Netrium* und *Cylindrocystis* und des ebenso als „voll" bezeichneten Zellsaftes von *Allium.* Diese fluoreszenzoptische Eigenschaft darf vielleicht als ein erster Ansatz zu einer weiteren Unterteilung der „vollen" Zellsäfte gewertet werden.

Neutralrot in reduzierter Form (Fluoreszent X) stellt somit ein tinktionskräftiges, äußerst unschädliches Färbemittel dar. Da es schon bei geringer Speicherung stark fluoresziert, ist es zur vitalen Fluorochromierung ganz besonders geeignet und empfehlenswert. Darüber hinaus kann Fluoreszent X vermöge seiner leichten Oxydierbarkeit auch als Indikator für intrazelluläre Oxydationsprozesse Verwendung finden.

Einer besonderen Untersuchung wurde ferner das für Vitalfärbeversuche noch wenig verwendete Toluylenblau unterworfen. Bei der einstweilen nur orientierenden Bestimmung des

Umschlagspunktes ergab sich, daß dieser, etwas höher als der des Neutralrots, ungefähr bei $p_H$ 8—8,75 gelegen ist. Bei diesem $p_H$ löst sich Toluylenblau bereits teilweise mit rotem Farbton im Benzol, quantitativ geht es jedoch erst im höher alkalischen Bereich, bei etwa $p_H$ 10,1 bis 11,6, in dieses über. Läßt man eine Stammlösung 1 : 1000 von Toluylenblau etwa 3—4 Tage lang bei normalem Lichtzutritt und Zimmertemperatur stehen, so tritt eine fortschreitende Umfärbung der Lösung von Blau nach Violett schließlich nach Rot hin ein. Da nach Karrer (1950) beim Kochen einer Toluylenblau-Lösung durch einen Disproportionierungsvorgang Neutralrot entsteht, muß auch diese Umfärbung als eine Umwandlung des Toluylenblaus in Neutralrot gedeutet werden. In einer etwas älteren Toluylenblau-Stammlösung liegt somit stets ein Gemisch von Toluylenblau und Neutralrot vor, wobei bei „jungen" Lösungen der erste, bei älteren jedoch der letztere Farbstoff überwiegt.

Vitalfärbeversuche mit einem solchen Gemisch bei alkalischer Reaktion des Farbbades ergaben aufschlußreiche Färbebilder: Schon nach kurzer Färbedauer zeigten die Vakuolen der meisten Desmidiaceen allgemein eine leuchtend violette Anfärbung (Mischfärbung aus Neutralrot und Toluylenblau). Dieser Farbton blieb jedoch nicht lange erhalten, sondern schon nach kurzem Deckglasabschluß erfolgte bei einem Teil der Zellen eine Umfärbung nach Rot, bei anderen Zellen der gleichen Art dagegen nach Blau. Während die nach Rot hin umgefärbten Zellen noch viele Stunden, ja oft Tage normal lebensfähig blieben, starben die nach Blau umgefärbten schon kurze Zeit nach ihrer Farbänderung ab. Unmittelbar nach der Umfärbung zeigten aber auch diese blauen Zellen noch Plasmaströmung und gaben normale Plasmolyse. Es muß deshalb angenommen werden, daß die Umfärbung nach Blau zwar noch keine Letalfärbung, jedoch das allererste Anzeichen einer beginnenden Nekrose darstellt. Dabei dürfte, wie auch schon Küster (1942) annimmt, eine Verschiebung der Zellsaftreaktion nach der basischen Seite hin erfolgen, die bewirkt, daß Neutralrot mit dem niedrigeren Umschlagspunkt molekular wird und exosmiert, während für Toluylenblau die Ionenfalle noch weiterhin erhalten bleibt. Auf diese Art wird die Umfärbung von Violett nach Blau unmittelbar verständlich. Die Verfärbung von Violett nach Rot, bei der die Zellen normal lebensfähig bleiben, ist dagegen sicher auf die Reduktion des Toluylenblaus zur farblosen Leukobase zurückzuführen.

Auch die Entfärbung von mit reinem Neutralrot gefärbten Vakuolen bei zentrifugierten *Pleurotaenium truncatum*-Zellen

(Kiermayer 1954) beruht aller Wahrscheinlichkeit auf einer Reaktionsänderung des Zellsaftes und der damit verbundenen Exosmose des Farbstoffes.

Die Methode der simultanen Doppelfärbung mit Toluylenblau und Neutralrot zeigt somit noch vor dem Aufhören der Plasmaströmung und bei normaler Plasmolyse den allerersten Beginn einer Nekrose an. Bei weiterem Ausbau der Methodik wird es damit vielleicht möglich werden, in Zweifelsfällen Nekrose- bzw. Tonoplastenzustände auch vitalfärberisch zu charakterisieren. Auf erste diesbezügliche Untersuchungen an Spirogyra-Tonoplasten kann aber erst in einer weiteren Arbeit eingegangen werden.

## Literaturverzeichnis.

Becker, E. R. (1926): Vital staining and reduction of vital stains by Protozoa. Biol. Bull. Vol. 50, 3.

Betz, A. (1953): Untersuchungen über Verhalten und Wirkung der Vitalfarbstoffe Prune pure und Akridinorange sowie Beobachtungen über das Reduktions-Oxydationspotential in Zellen höherer Pflanzen. Planta 41/323—357.

Brooks, S. C. and Brooks, M. M. (1941): The Permeability of living cells. Prot.-Monogr. 19.

Cannan, R. K., Cohen, B., and Clark, W. M. (1926): Studies on oxidation-reduction. X, Pub. Health Rep. U.S.P.H.

Cholnoky, B. v. und Höfler, K. (1950): Vergleichende Vitalfärbeversuche an Hochmooralgen. Sitz.-Ber. d. Österr. Akad. Wiss., math.-nat. Kl., Abt. I, 159. Bd., Heft 6—10, 143.

Cholnoky, B. v. und Schindler, H. (1951): Winterlicher Diatomeen-Aspekt des Ramsauer Torfmoores. Verh. d. zool.-bot. Ges., Bd. 92, 228.

Clark, W. M. (1920): Reduction potential of mixtures of indigo and indigo white, and of mixtures of methylene blue and methylene white. J. Washington Acad. Sc., X, 255.

— (1923): Studies on oxidation-reduction. Pub. Health Rep. 38, 443—455.

Clark, W. M. and Perkins, M. E. (1932): Studies on Oxidation-Reduction. XVII. Neutral red. J. americ. chem. Soc. 54/I, 1228—1248.

Cohen, B., Chambers, R. and Reznikoff, P. (1928): Intercellular oxidation-reduction studies I. J. gen. physiol. 11, 585.

Diskus, A. und Kiermayer, O. (1954): Die Raphidenzellen von Haemaria discolor bei Vitalfärbung. Prot. 43, 450—454.

Drawert, H. (1940): Zur Frage der Stoffaufnahme durch die lebende pflanzliche Zelle. II. Die Aufnahme basischer Farbstoffe und das Permeabilitätsproblem. Flora 34, 159.

— (1948): Zur Theorie der Aufnahme basischer Stoffe. Zeitschr. f. Naturforschung, Bd. 3 b, 111.

— (1949): Zur Frage der Methylenblauspeicherung in Pflanzenzellen II. Zeitschr. f. Naturforschung, Bd. 4 b, 35.

— (1953): Vitale Fluorchromierung der Mikrosomen mit Janusgrün, Nilblausulfat und Berberinsulfat. Ber. d. d. bot. Ges. 66, 135—151.

Fritz, A. (1951): Veränderungen von Plasmaeigenschaften durch Vitalfarbstoffe I. Prune pure. Sitz.-Ber. d. Österr. Akad. Wiss., math.-nat. Kl., Abt. I, 160, 789—828.

Gillespie, L. J. (1920): Reduction potentials of bacterial cultures of waterlogged soils. Soil Sc., IX, 199.

Hirn, I. (1953): Vitalfärbestudien an Desmidiaceen. Flora Bd. 140, 453.

Höfler, K. und Schindler, H. (1951): Vitalfärbung von Algenzellen mit Toluidinblaulösungen gestufter Wasserstoffionenkonzentration. Prot. 40, 137.

— (1952): Algengallerten im Vitalfärbeversuch. Österr. Bot. Zeitschr. 99, 529.

— (1953): Vitalfärbbarkeit verschiedener Closterien. Protopl. 42, 296.

Karrer, P. (1950): Lehrbuch der organischen Chemie. 11. Auflage, Georg Thieme Verlag, Stuttgart.

Kiermayer, O. (1954): Die Vakuolen der Desmidiaceen, ihr Verhalten bei Vitalfärbe- und Zentrifugierungsversuchen. Sitz.-Ber. d. Österr. Akad. Wiss., math.-nat. Kl., Abt. I, 162. Bd., 175—222.

— (1955): Ringförmige Zellinhaltskörper bei Spirogyra maxima. Protoplasma 45, 150.

Kinzel, H. (1954 a): $p_H$-Werte alkalischer Phosphatpufferlösungen. Protopl. 43, 441—449.

— (1954 b): Theoretische Betrachtungen zur Ionenspeicherung basischer Vitalfarbstoffe in leeren Zellsäften. Protopl. 44, 52—72.

Krebs, I. (1951): Beiträge zur Kenntnis des Desmidiaceen-Protoplasten. I. Osmotische Werte. II. Plastidenkonsistenz. Sitz.-Ber. d. Österr. Akad. Wiss., math.-nat. Kl., Abt. I, 160. Bd., 579.

Küster, E. (1938): Über Vererzung, insbesondere über Vergoldungserscheinungen an Pflanzenzellen. Z. Mikr. 55, 166.

— (1942): Vitalfärbung und Vakuolenkontraktion. Zeitschr. f. wiss. Mikr. 58, 245.

Loub, W. (1951): Über die Resistenz verschiedener Algen gegen Vitalfarbstoffe. Sitz.-Ber. d. Österr. Akad. Wiss., math.-nat. Kl., Abt. I, 160, 829.

— (1953): Zur Algenflora der Lungauer Moore. Sitz.-Ber. d. Österr. Akad. Wiss., math.-nat. Kl., Abt. I, 162, 545—569.

Loub, W., Url, W., Kiermayer, O., Diskus, A. und Hilmbauer, K. (1954): Die Algenzonierung in Mooren des österreichischen Alpengebietes. Sitz.-Ber. Österr. Akad. Wiss., math.-nat. Kl., Abt. I, 163, 447 bis 494.

Nassanov, D. (1930): Über den Einfluß der Oxydationsprozesse auf die Verteilung von Vitalfarbstoffen in den Zellen. Z. f. Zellforschung 11.

Needham, J. and Needham, D. (1925): The hydrogen-ion concentration and the oxidation-reduction potential of the cell-interior; a micro-injection study. Proc. Roy. Soc. London B 98, 259.

— (1926): Further micro-injection studies of the oxidation-reduction potential of the cell-interior. Proc. Roy. Soc. London B 99, 383.

Rapkine, L. et Wurmser, R. (1926 a): Le potentiel de reduction des cellules vertes. Comp. Rend. Soc. Biol. 94, 1347.

— (1926 b): Sur le potential du reduction des cellules. Comp. Rend. Soc. Biol. Paris 95, 604.

Rapkine, L., Struyk, A. et Wurmser, R. (1929 a): Le potential d'oxydo-reduction de quelques colorants vitaux. Comp. Rend. Soc. Biol. Paris 100.

— (1929 b): Le potential d'oxydo-reduction de quelques colorants vitaux. J. chim. phys. 26.

Rhumbler, L. (1893): Eine Doppelfärbung zur Unterscheidung lebender Substanzen. Zool. Anz. 16, 47—57.
Ruzicka, Vl. (1904): Über tinctorielle Differenzen zwischen lebendem und abgestorbenem Protoplasma. Arch. ges. Phys. 107, 497.
Strugger, S. (1949 b): Praktikum der Zell- und Gewebephysiologie der Pflanze. 2. Auflage. Berlin—Göttingen—Heidelberg.
Wankell, Fr. (1921): Über Reduktion basischer Farbstoffe im lebenden Protoplasma. Ber. d. naturforschenden Ges. Freiburg. Bd. 23, Heft 1.
Weber, F. (1933): Zur Permeabilität der Schließzellen. Prot. 19, 452.
West, W. and G. S. (1904—1912): A Monograph of the British Desmidiaceae, Vol. I—IV. London.

Die in den Sitzungsberichten Abtlg. I und Abtlg. II a der math.-nat. Klasse der Österr. Ak. d. Wiss. erscheinenden Abhandlungen werden auch einzeln abgegeben. Sie können durch jede Buchhandlung oder direkt durch die Auslieferungsstelle der Österreichischen Akademie der Wissenschaften (Wien I, Singerstraße 12) bezogen werden.

Nachfolgende Abhandlungen aus dem Fach der **Zoologie** sind erschienen:

**1952 (S I Bd. 161):**

Böhm L. K., w. M., und Supperer R.: Die Mondblindheit der Einhufer, verursacht durch die Mikrofilarien von Onchocerca reticulata Diesing (mit 4 Textabbildungen und 1 Tafel), 8 Seiten. S 4.50

Hemsen J.: Ergebnisse der Österreichischen Iran-Expedition 1949/50: Cladoceren und freilebende Copepoden der Kleingewässer und des Kaspisees (mit 72 Textabbildungen), 59 Seiten. S 28.10

Kuchar K. W.: Bakteriologische Beobachtungen an zwei Hochgebirgstümpeln der Kitzbühler Alpen (Tirol), 14 Seiten. S 6.80

Pesta O., k. M.: Beobachtungen über die Entomostrakenfauna der Tümpel auf der Gerlosplatte (1640 m ü. d. Meer), 4 Seiten. S 2.40

Pesta O., k. M.: Biologische Beobachtungen an einigen Hochgebirgstümpeln der Kitzbühler Alpen (Tirol) (mit 1 Tafel und 1 Textabbildung), 3 Seiten. S 6.10

Roewer C. Fr.: Die Solifugen und Opilioniden der Österreichischen Iran-Expedition 1949/50 (mit 2 Textabbildungen), 7 Seiten. S 3.20

**1953 (S I Bd. 162):**

Böhm L. K., w. M., und Supperer R.: Beobachtungen über eine neue Filarie (Nematode), Wehrdikmansia rugosicauda Böhm & Supperer 1953, aus dem subkutanen Bindegewebe des Rehes (mit 6 Textabbildungen). S 6.40

Brehm V.: Notizen zur Süßwasser-Mikrofauna von Borneo und Cebu (Philippinen) (mit 4 Textabbildungen). S 3.30

Brehm V.: Pseudoboeckella remotissima n. sp., die erste Pseudoboeckella aus dem australischen Sektor der Antarktis (mit 6 Textabbildungen). S 4.50

Nemenz H.: Ergebnisse der Österreichischen Iran-Expedition 1949/50. Ixodidae. S 1.40

Ochs G.: Ergebnisse der Österreichischen Iran-Expedition 1949/50. Gyrinidae (Coleoptera). S 4.30

Ratzenhofer M.: Studien über die Gewichtsveränderungen bei der Entwicklung des Großen Kohlweißlings (mit 3 Textabbildungen) S 9.10

Ruttner-Kolisko Agnes: Psammonstudien I. Das Psammon des Torneträsk in Schwedisch-Lappland (mit 4 Textabbildungen und 2 Tafeln) S 20.90

Stundl K.: Der Gleinkersee bei Windischgarsten, Oberösterreich. S 3.20

Wettstein O.: Herpetologia aegaea (mit 2 Karten, 1 farbigen und 7 schwarzen Tafeln). S 122.—

Willmann C.: Neue Milben aus den östlichen Alpen (mit 52 Textabbildungen). S 35.40

**1954 (S I Bd. 163):**

Beier M.: Zoologische Studien in West-Griechenland, I. Teil (mit 1 Kartenskizze und 3 Tafeln), 10 Seiten. S 9.—

Beier M.: Zoologische Studien in West-Griechenland, II. Teil: Süßwasser-Isopoden. Bearbeitet von Hans Strouhal (mit 25 Textabbildungen), 34 Seiten. S 20.30

Beier M.: Zoologische Studien in West-Griechenland, III Teil: Orthopteroida. Bearbeitet von R. Ebner, Wien (mit 6 Textabbildungen), 10 Seiten. S 6.70

Beier M.: Zoologische Studien in West-Griechenland. IV. Teil: Isopoda terrestria, I.: Ligiidae, Trichoniscidae, Oniscidae, Porcellionidae, Squamiferidae. Bearbeitet von Hans Strouhal, Wien (mit 52 Textabbildungen), 43 Seiten. S 20.20

Brehm V.: Pseudodiaptomus batillipes spec. nov., ein zweiter Pseudodiaptomus aus Madagaskar (mit 4 Textabbildungen), 5 Seiten. S 3.10

Jakob H.: Die Ergebnisse der Österreichischen Iran-Expedition 1949/50. Coleoptera III. Teil, 5 Seiten. S 2.50

Janetschek H.: Ein neues inneralpines Nunatarelikt aus einer für die Alpen neuen Gattung (Ins. Thysanura) (mit 12 Textabbildungen), 8 Seiten. S 5.20

Petrovitz R.: Die Ergebnisse der Österreichischen Iran-Expedition 1949/50. Coleoptera IV. Teil. Scarabaeidae (mit 2 Textabbildungen), 15 Seiten. S 7.30

Ruttner-Kolisko Agnes: Psammonstudien II. Das Psammon des Erken in Mittelschweden (mit 4 Textabbildungen und 1 Tafel), 24 Seiten. S 18.90

Schmidt E.: Die Ergebnisse der Österreichischen Iran-Expedition 1949/50. Die Libellen Irans (mit 2 Textabbildungen und 1 Karte), 38 Seiten. S 25.—

Wawrik Friederike: Limnologische Studien an Hochgebirgs-Kleingewässern im Arlberggebiet I (mit 5 Textabbildungen und 2 Tafeln), 20 Seiten. S 14.80

GPSR Compliance
The European Union's (EU) General Product Safety Regulation (GPSR) is a set of rules that requires consumer products to be safe and our obligations to ensure this.

If you have any concerns about our products, you can contact us on

ProductSafety@springernature.com

In case Publisher is established outside the EU, the EU authorized representative is:

Springer Nature Customer Service Center GmbH
Europaplatz 3
69115 Heidelberg, Germany

www.ingramcontent.com/pod-product-compliance
Ingram Content Group UK Ltd.
Pitfield, Milton Keynes, MK11 3LW, UK
UKHW020918290726
14058UKWH00009B/153

* 9 7 8 3 6 6 2 2 2 9 1 3 2 *